AF822895

3 **Satztechnik und Typografie** Band 3 | Arbeitsvorbereitung Text und DTP

Autoren dieses Bandes
Werner Meier
Inez Zindel Meier

Korrektur und Lektorat
Françoise Reutimann
Werner Meier

Autorin der ersten drei
Auflagen dieses Bandes
für QuarkXPress
Renata Minoretti

Herausgeber
syndicom
Gewerkschaft Medien
und Kommunikation
Monbijoustraße 33
CH-3011 Bern

ISBN 978-3-9520934-2-9

Die Bände 1 bis 8
sind zu bestellen bei:
syndicom
Gewerkschaft Medien
und Kommunikation
Postfach, CH-3001 Bern
www.syndicom-verlag.ch

Copyright
© Copyright 2013
syndicom-Verlag
Monbijoustraße 33
CH-3011 Bern
5., auf InDesign aktualisierte Auflage 2013

Alle Rechte vorbehalten.
Ohne ausdrückliche schriftliche Genehmigung des Verlags ist es nicht gestattet, das Buch oder einzelne Teile daraus in irgendeiner Form durch Fotokopie oder andere reprotechnische Mittel zu verbreiten.

Lehrmittel-Ausgaben Reihe «Satztechnik und Typografie»

1. Typografische Grundlagen
2. Satztechnische Grundlagen mit interaktiver Lern-CD
3. Arbeitsvorbereitung Text und DTP
4. Formenlehre (vergriffen)
5. Grundlagen der Bildschirmtypografie mit interaktiver Lern-CD
6. Typografie mit InDesign
7. Grundlagen des Zeitungsdesigns
8. Grundlagen des Zeitschriftendesigns

Reihe «Bildbearbeitung»

1. Farbreproduktion

Grundsätzliches zur Avor

Für jeden Produktionsprozess ist die Arbeitsvorbereitung ein wichtiger Bestandteil für einen optimalen Ablauf im Betrieb. Und je mehr verschiedene Abteilungen und Menschen an einem solchen Prozess beteiligt sind, desto wichtiger ist eine gute Avor für den reibungslosen und rationellen Arbeitsablauf in der Produktion.
Die Avor soll auch eine problemlose Zusammenarbeit des kaufmännischen Bereichs mit dem technischen Bereich ermöglichen, da die Angaben für einen Auftrag meist von der Administration in die Produktion weitergegeben werden. Siehe dazu unten stehende Grafik und Merksätze, die nicht nur für die grafische Industrie, sondern generell auf alle industriellen Produktionen anwendbar sind.

Arbeitvorbereitung in der grafischen Industrie

Obwohl in vielen Betrieben der grafischen Branche die Avor zumindest für die Druckvorstufe praktisch inexistent zu sein scheint, ist sie nichtsdestotrotz noch immer wichtig, und das Produzieren nach dem Prinzip «Messen, setzen, messen» wird bei jeder komplexen Arbeit fragwürdig, wenn berücksichtigt wird, dass eine Avor-Stunde nur etwa mit der Hälfte einer Mac- oder PC-Stunde berechnet wird!
Ein Ausprobieren und Sichherantasten an eine optimale Lösung auf dem Bildschirm hat nur dann ihre Berechtigung, wenn ein und dieselbe Person einen Auftrag ausführt.
Neben einer klassischen Satz-Avor gehören richtige Programm-Voreinstellungen ebenfalls zu einer guten Avor. Sie sind ein nicht zu unterschätzender Faktor für die rationelle Produktion in der Druckvorstufe. Dasselbe gilt selbstverständlich auch für die Bild-Avor, auf die in diesem Band nicht näher eingegangen werden kann.

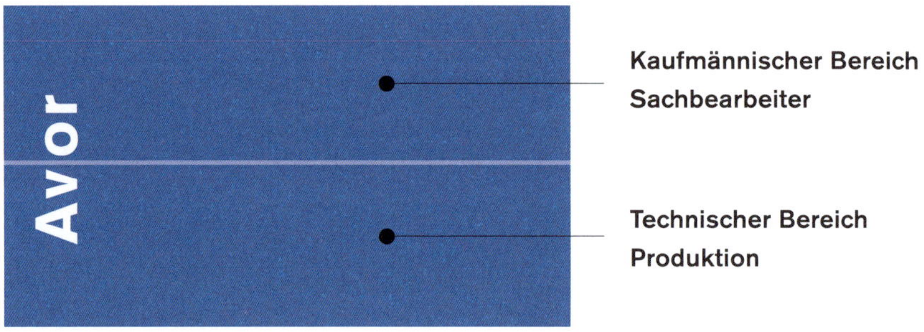

Arbeitsvorbereitung hat den Zweck, Verlustzeiten in Form von

- Maschinenstillstand
- Personalwartezeiten wegen Nachfragen
- Wiederholungszeiten
- Korrekturzeiten

zu verhindern!

Die Aufgabe der Avor besteht im

- Vorausdenken
- Vorbereiten
- Planen
- Steuern und Kontrollieren

der Auftragsabwicklung für den gesamten Betrieb.

Produktionsablauf (Workflow)

Unter Manuskript- oder Satz-Arbeitsvorbereitung versteht man die Bearbeitung des Textes und des Bildmaterials für die Herstellung eines Druck-Erzeugnisses sowie die zur jeweiligen Satzarbeit passenden Voreinstellungen des zur Produktion eingesetzten Layout-Programms, in unserem Fall InDesign CS6 auf Mac.
Selbstverständlich sind gewisse Teile der in diesem Band 3 der Reihe «Grundlagen Satztechnik und Typografie» beschriebenen Avor auch für die Produktion von Screen-Medien anwendbar, sofern darin Texte und Bilder verarbeitet werden.
Dieses Heft beschränkt sich auf die Avor für die Satzproduktion, die sich normalerweise in die folgenden drei Bereiche gliedern lässt:

- Sprachliche Vorkorrektur des Manuskripts oder der gelieferten Text-Dateien
- Formale und typografische Arbeitsvorbereitung des Manuskripts
- Technische Arbeitsvorbereitung des Manuskripts und Voreinstellungen des Layout-Programms.

Im Kapitel «Besser setzen» finden sich Anleitungen zur Satzproduktion, die insofern zur Avor gehören, weil man sich vor Beginn einer Arbeit immer überlegen sollte, wie man sie technisch am besten und einfachsten bewältigen kann.
Weitergehende Informationen dazu, die den Rahmen dieses Heftes sprengen würden, findet man zum Beispiel im Cleverprinting-Schulungshandbuch «Next Generation Publishing», das sich jeweils mit den aktuellsten Produktionsmöglichkeiten von InDesign auseinandersetzt, oder im umfassenden Handbuch «Adobe InDesign CS6» der Edition Page, Galileo Design. Weitere Literaturangaben befinden sich im Anhang dieses Heftes.

Von der Lauftasche bis zur Spedition

Für die Polygrafen und Mediengestalter* ist es wichtig, die Geräte für die Satzherstellung (Hardware), die zur Verfügung stehenden Programme und Schriften (Software), die Speicherkapazitäten und die Ausgabe- und Übermittlungsgeräte der im Betrieb vorhandenen Produktionssysteme zu kennen.
Da die Texte und Bilder häufig als Dateien oder je länger, je mehr als fertige Dokumente aus Umbruchprogrammen oder im PDF-Format und nicht mehr nur als Manuskripte im ursprünglichen Sinn angeliefert werden, sollte der Polygraf schon im Projektstadium einer Drucksache zur Beratung beigezogen werden, um einen optimalen Produktionsablauf innerhalb eines Ausgabe-Workflows zu gewährleisten.
Auch Kenntnisse über Schnittstellen vor und nach der Druckvorstufe im gesamten Ablauf (Workflow**) der Drucksachen-Produktion gehören zum Grundlagenwissen der Polygrafen und Mediengestalter, um die gesamte Komplexität des Produktionsprozesses zu verstehen.

*Gemäß dem Grundsatz der Gleichberechtigung von Mann und Frau gelten alle Personen- und Funktionsbezeichnungen, ungeachtet der männlichen und der weiblichen Sprachform, für beide Geschlechter.
**Siehe Glossar, Seite 79.

Verkaufs-Aussendienst/-Innendienst

Verkaufs-Aussendienst (VAD) | Verkaufs-Innendienst (VID)

Akquirieren, Offertstellung durch den Kalkulator (Sachbearbeiter VID): Beschreibung des Auftrages mit Preisangaben

Lauftasche: Sie enthält alle Informationen für die Planung und die technische Abwicklung des Auftrages von der Druckvorstufe über den Druck, die Weiterverarbeitung bis hin zum Versand mit allen Zwischenterminen und dem Endtermin.
Sie wird aus den Informationen der Offerte erstellt.

Kreativer Prozess

Druckvorstufe | Texter | Agentur | Fotograf

Gestaltung

Satz-Bild-Produktion (Polygrafie)

Korrektorat

Satz-Produktion | Bild-Produktion | Gelieferte Daten (aus Layoutprogramm oder als Druck-PDF)

Datenträger, E-Mail, FTP-Server, Internet

Manuskript auf Papier oder Datenträger | Analoge oder digitale Bildvorlage | Avor (Eingangskontrolle, Datencheck)

Avor (sprachlich, formal, technisch) | Avor (reprotechnisch, drucktechnisch, Aussage und Verbindlichkeit der Vorlagen)

Texterfassung (manuell oder OCR/ICR) | Bilderfassung für analoge Vorlagen

Hauskorrektur mit anschliessender Revision | Bildbearbeitung (evtl. Proof an Kunde)

Text-Bild-Integration (Umbruch)

Umbruch-Revision in der Korrekturabteilung

	1. «Gut zum Druck» (GzD) an Kunde als Schwarzweiss- oder Farbprint (evtl. auch als farbverbindliches Proof)
	Evtl. Autorkorrekturen ausführen und revidieren; wenn gewünscht, 2. GzD für Kunde
Druckformenherstellung	Druckformenherstellung für den Offsetdruck
	Bogenmontage mit anschliessender Revision der Druckform auf einem Plott in der Korrekturabteilung
	Evtl. erst jetzt GzD für Kunde, vor allem wenn fertige Daten geliefert wurden
	Digitale Plattenherstellung CtP (Computer to Plate)
Druck	Bogen- und Rollenoffsetdruck oder Digitaldruck (Bebilderung direkt in der Maschine), Tiefdruck, Siebdruck, Flexodruck
Druckweiterverarbeitung	In der Buchbinderei: Falzen, Schneiden, Heften oder Kleben oder Binden
Spedition/Versand	Adressieren, Einstecken, Verpacken, Ausliefern oder Versenden

Datenübernahme

Datenträger

Zum Datenträger gehört ein Ausdruck der letzten Version des Textes oder des Umbruchs. Außerdem muss angegeben werden, ob der Text von Fachleuten korrigiert werden soll und ob die Korrekturen vom Kunden oder von der Setzerei ausgeführt werden.

Dokumentsprache*

Die Setzerei sollte über die benötigten Akzente und Sonderzeichen sowie das entsprechende Trennprogramm verfügen.

Textdateien

Handelt es sich bei der angelieferten Datei um eine reine Textdatei, sollen keine Rahmen, Linien, Marginalien, Fußnoten und Trennungen gesetzt werden. Es ist anzugeben, ob mit so genannten Styletags oder Druckformaten erfasst wurde und ob diese zu übernehmen sind.

Gelieferte Daten

Handelt es sich bei der angelieferten Datei um eine fertige Arbeit in Form eines Originaldokuments oder PDF, sollte vor der Weiterbearbeitung oder der Integration in einen Ausgabe-Workflow unbedingt eine Datenprüfung mit einem so genannten «Flight Check»-Programm durchgeführt werden.

Schriften

Die Schriften müssen vom gleichen Hersteller wie die im Dokument verwendeten sein, sonst entstehen Probleme bei bereits umbrochenen Dokumenten. Bei PDF-Dokumenten ist darauf zu achten, dass die Schriften eingebettet sind.

*Siehe Seite 48.

Checkliste zur Aufbereitung digitaler Daten für den Bogenoffsetdruck

nach den aktuellen ISO-Normen / **download unter www.kromer.ch / PSO**

Es ist uns wichtig, für die Abwicklung Ihrer Druckaufträge optimale Voraussetzungen für den Datentransfer zu schaffen. Sorgfältig aufbereitete Dokumente bilden die Basis für eine einwandfreie und erfolgreiche Druckproduktion.

Um Fehler zu vermeiden, haben wir für Sie die wichtigsten Richtlinien zusammengestellt. Diese Richtlinien basieren auf den ISO-Normen, die für uns die Prozessparameter darstellen und für uns die Sollvorgaben festlegen.

Bei allfälligen Fragen oder Unklarheiten steht Ihnen unsere Druckvorstufe gerne zur Verfügung...

PDF/X nach ISO 15930-X

Um ein einwandfreies Druck-PDF zu erzeugen, verweisen wir gerne auf die Richtlinien der PDFX-Ready. Wichtig bei der PDF-Erstellung ist, dass alle verwendeten Schriften im PDF eingebetten sind, alle Bilder eine genügend hohe Auflösung haben und Sie die richtigen Farbprofile verwenden (PDF-Settings unter www.pdfx-ready.ch oder www.kromer.ch / PSO).

Wir bitten Sie, bei Broschüren das PDF als Einzelseiten zu liefern oder bei Falzprospekten zusammengesetzt in der richtigen Reihenfolge.

Weiter gibt es zu beachten, dass wir bei randabfallenden Elementen einen Randbeschnitt von jeweils 3 mm benötigen. Am besten ist, Sie liefern uns Ihr Druck-PDF inkl. Schnittzeichen und Beschnitt.

Von den gelieferten PDF erstellen wir einen Preflight, in dem das PDF auf Farbraum, Auflösung und Strichstärke geprüft wird.

Farbeinstellungen / Farbprofile nach ISO 12647-2

Wir empfehlen Ihnen, die offiziellen Farbeinstellungen von PDFX-ready zu verwenden (Profile unter www.pdfx-ready.ch oder www.kromer.ch / PSO).

Vierfarben-Druckaufträge dürfen nur die vier Grundfarben CMYK enthalten.

Konvertieren Sie allenfalls alle RGB-, Pantone- oder Buntfarben in den CMYK-Farbraum.

Der Gesamtfarbauftrag beträgt optimalerweise auf gestrichenem Papier 300% und auf ungestrichenem 280%.

Empfohlene Profile: ISOcoated_v2_300 und PSOuncoated.

Anlieferung offener Druckdaten

Bitte achten Sie darauf, dass alle verwendeten Bilder und Schriften ebenfalls mitgeliefert werden.

Kontrollieren Sie bitte, dass Ihre Einstellungen betreffend «Aussparen» und «Überdrucken» richtig definiert sind. Überfüllungen (Trapping) werden im PDF-Workflow vorgenomen.

Bei Mehrfarbendruck können Schwarze Vollflächen mit ca. 50% Cyan unterlegt werden, um ein tieferes Schwarz zu erreichen.

Alle Schriften in den geschlossenen Dateien (EPS) müssen eingebettet oder vektorisiert (nicht editierbar) sein.

Aus Sicherheitsgründen empfehlen wir Ihnen, Ihrer Datenlieferung einen verbindlichen Schwarz-Weiss- oder Farbprint beizulegen (auch verkleinert möglich).

Bitte beachten Sie, dass wir bei randabfallenden Elementen einen Randbeschnitt von jeweils 3 mm benötigen.

Richtlinien für Bilddaten

Achten Sie darauf, dass im Adobe Photoshop alle Bilder als EPS, Tiff oder JPEG (maximale Auflösung) sowie im CMYK-Farbraum abgespeichert sind.

Gelieferte RGB-Bilder werden von uns in CMYK konvertiert, indem wir im Workflow ein dem Papier entsprechendes ISO-Profil anwenden. Wenn möglich sollten die Bilder für eine gute Qualität mindestens eine Auflösung von 300 dpi aufweisen, für Bitmap (Strich) 1200 dpi. Achtung: Bilder aus dem Internet mit einer Bildauflösungen von 72 dpi genügen für den Druck nicht.

Wir können Ihre Druckdaten in den folgenden Programmen verarbeiten:

PROGRAMME MAC:

– QuarkXPress 7/8/9	.qxp / .qxd
– Adobe InDesign CS4 / CS5	.indd
– Adobe Photoshop CS4 / CS5	.jpg / .tif / .eps / .psd
– Adobe Illustrator CS4 / CS5	.eps / .ai
– Adobe Acrobat Professional 9	.pdf
– Microsoft Word 2011	.doc / .docx
– Microsoft Excel 2011	.xls / .xlsx
– Microsoft PowerPoint 2011	.ppt / .pptx

PROGRAMME PC:

– QuarkXPress 6,5/8	.qxp / .qxd
– Adobe InDesign CS3/CS4/CS5	.indd
– Adobe Photoshop CS3 / CS4 / CS5	.jpg / .tif / .eps / .psd
– Adobe Illustrator CS3 / CS4 / CS5	.eps / .ai
– Adobe Acrobat Professional 9	.pdf
– Adobe FrameMaker 9	.fm
– Microsoft Word 2007	.doc / .docx
– Microsoft Excel 2007	.xls / .xlsx
– Microsoft PowerPoint 2007	.ppt / .pptx
– Microsoft Publisher 2007	.pub
– Corel Draw 12	.cdr

Farbverbindliche Proofs (Kontraktproofs) nach ISO 12647-7

Auf Wunsch erstellen wir von Ihren gelieferten Daten ein Kontraktproof zur farbverbindlichen Beurteilung. Auf allen bei uns hergestellten Proofs ist der UGRA/FOGRA-Medienkeil 3 mitgedruckt, damit das Kontraktproof jederzeit messtechnisch beurteilt werden kann.

Proofs müssen gemäss ISO 3664 immer unter Normlicht, 5000 Kelvin und einer Beleuchtungsstärke von 2000 Lux beurteilt werden.

Wird vom Kunden ein farbiger Ausdruck mitgeliefert, wird dieser nur als farbverbindlich (Kontraktproof) erachtet, wenn darauf der Medienkeil CMYK mitgedruckt wurde und dieser innerhalb der Normvorgaben nach ISO-12647-7 liegt. Falls dies nicht der Fall sein sollte, muss in Rücksprache mit dem Kunden ein neues Proof verlangt oder ein Kontraktproof nach ISO-12647-7 erstellt werden.

Papiertypen nach ISO 12647-2

Die in der KROMER PRINT AG eingesetzten Papiere werden in folgende Papiertypen eingeteilt:

– Papiertyp 1/2: gestrichene holzfreie Papiere (glänzend/matt)
– Papiertyp 4: ungestrichene, weisse Papiere

Rasterweite:

– Papiertyp 1/2: 70er-, 80er-Raster
– Papiertyp 4: 60er-Raster

Datenübermittlung

Folgende Möglichkeiten der Datenübermittlung stehen Ihnen zur Verfügung:

- per FTP-Server
  (Server: transfer.kromer.ch, Benutzername: ftp-kro, PW: auf Anfrage)
- per Mail, bis etwa 20 MB (print@kromer.ch)
- als Datenträger (CD / DVD / USB-Stick)

KROMER
www.kromer.ch
Unterer Haldenweg 12
5600 Lenzburg
Telefon 062 886 33 33

Checkliste Datenanlieferung – 02. 2012 – Patrick Iseli

KROMER – ein SQS- und FSC-zertifiziertes Unternehmen nach ISO 9001:2008

Beispiel für ein Kunden-Merkblatt mit den wichtigsten Kriterien, die für die Datenübernahme von Bedeutung sind. Das Merkblatt kann von den Kunden direkt als PDF von der Internetseite der Druckerei Kromer heruntergeladen werden.

Abstimmungstext

Bundesbeschluss
über Massnahmen zum Haushaltausgleich

vom 19. Dezember 1997

Die Bundesversammlung der Schweizerischen Eidgenossenschaft, nach Einsicht in die Botschaft des Bundesrates vom 16. Juni 1997 1), beschliesst:

I

Die Bundesverfassung wird wie folgt geändert:

Übergangsbestimmungen

Art. 24
1 Die Ausgabenüberschüsse in der Finanzrechnung des Bundes sind durch Einsparungen zu verringern, bis der Reehnungsausgleich im wesentlichen erreicht ist.

2 Der Ausgabenüberschuss darf im Rechnungsjahr 1999 5 Milliarden Franken und im Rechnungsjahr 2000 2,5 Milliarden Franken nicht überschreiten; im Rechnungsjahr 2001 muss er auf höchstens 2 Prozent der Einnahmen abgebaut sein.

3 Wenn es die Wirtschaftslage erfordert, kann die Mehrheit der Mitglieder beider Räte die Fristen nach Absatz 2 durch einen allgemeinverbindlichen nicht referendumspflichtigen Bundesbeschluss um insgesamt höchstens zwei Jahre erstrecken.

Geeignete Vorlage (gedrucktes Muster).

```
Abstimmungstext

Bundesbeschluss u ber Massnahmen zum Haushaltausgleich      ⊓ ü
vom 19. Dezember 1997

Die Bundesversammlung der Schweizerischen Eidgenossenschaf, nach Einsicht   || t
in die Botschaf des Bundesrates vom 16. Juni 1997 31. beschliesst:

1
Dis Bundesverfassung wird wie folgt geändert                                 |Ü
bergangsbestimmungen

ArL 24

1 Die Ausgabenüberschüsse in der Finanzrechnung des Bundes sind durch
Einsparungen zu verringern, bis der Reehnungsausgleich im wesentlichen
erreicht ist.

  Der Ausgabenüberschuss darf im Rechnungs ahr 1999 5 Milliarden Franken    |2 ⌈j
und im Rechnungsjahr 2000 2,5 Milliarden Franken nicht überschreiten; im
Rechnungsjahr 2001 muss er auf höchstens 2 Prozent der Einnahmen abgebaut
sein.

3 Wenn es die Wirtschaftslage erfordert, kann die Mehrheit der Mitglieder
beider Räte die Fristen nach Absatz 2 durch einen allgemeinverbindlichen
nicht referendumspflichtigen Bundesbeschluss um insgesamt höchstens zwei
Jahre erstrecken.

Bundesversammlung und Bundesrat berücksichtigen die Vorgaben nach Absatz 2
bei der Erstellung des Voranschlags und des mehrjährigen Finanzplans sowie
```

Ergebnis der oben stehenden Vorlage nach Einlesen mit OCR. Die blauen Wörter färbt OmniPage automatisch als unklar erkannte ein.

Optische Texterkennung OCR/ICR

(Optical Caracter Recognition / Intelligent Caracter Recognition, Optische Zeichenerkennung; ICR-Programme sind lernfähig, das heißt, fehlerhaft eingelesene Buchstabenverbindungen, z. B. rn, oft als m interpretiert, können so eingegeben werden)
Diese Art Satzherstellung gelangt dann zur Anwendung, wenn ein bereits gedruckter oder getippter Text vorliegt, die Datei dazu aber fehlt oder nicht verfügbar ist. Oft werden ganze Bücher übernommen, neu gestaltet und umbrochen.
Je besser die Textvorlage, desto weniger Fehler entstehen beim Einlesen.
OCR ist nur für größere Textmengen sinnvoll.
Wichtig ist für eine möglichst fehlerlose Datenübernahme:

- möglichst unifarbener, heller Hintergrund (keine Hinterlegungen, Kästchen, kein Umweltschutzpapier)
- eine saubere, offene Schrift, eventuell leicht spationiert, nicht porös, mit möglichst viel Kontrast zum Hintergrund; Schreibmaschinenschrift oder Serifenschriften eignen sich besonders gut
- durchnummerierte Vorlagen
- wenn Fotokopien aus Büchern gemacht werden, müssen die Textzeilen bis in den Bund gerade verlaufen und dürfen nicht «gebogen» sein, keine Telefax und keine Matrixprints
- nach dem Einlesen empfiehlt sich vor dem ersten Korrekturlesen eine automatische Rechtschreibeprüfung – am besten im Programm Word von Microsoft.

Manuskript

Ein sauberes Manuskript ist immer eine gute Grundlage für eine gepflegte Satzarbeit. Bei kleinen Textmengen lohnt sich die Datenübernahme nur dann, wenn die Datei möglichst fehlerfrei in einem aktuellen Textprogramm geliefert wird.

Das Tilgen von mehrfachen Wortzwischenräumen, Tabulatoren, Absatzenden usw. kostet Zeit und stellt schon zu Beginn der Arbeit eine Fehlerquelle dar.

Oft ist es rationeller, den Text ab Manuskript erfassen zu lassen; die Datei ist mit den nötigen typografischen Zeichen und den entsprechenden Formatierungen für den Umbruch abrufbar.

So sollte ein Manuskript aussehen:

- einseitig beschriebene DIN-A4-Blätter, weiß
- mit Schreibmaschinenschrift geschrieben
- alle Manuskriptblätter durchnummeriert
- breite Ränder links und rechts für allfällige Korrekturen
- großer Zeilenabstand für Satzanweisungen und Korrekturen
- einheitliche Anzahl Manuskriptzeilen auf allen Seiten oder vorgedruckte Manuskriptblätter mit Zeilenzähler und Begrenzung der Zeilenlänge, Manuskriptzeile entspricht einer Druckzeile
- gut lesbar, auch handschriftliche Eintragungen
- Auszeichnungen im Text, Einzüge usw. sollten auf dem Manuskript klar ersichtlich sein.

Elementare Schrift - individuelle Schrift. So ganz
abwegig sind die Bemühungen um eine „absolute"
Schrift eben doch nicht. Am anderen Ende der die
Lesbarkeit messenden Skala stehen die zahllosen
individuellen Handschriften, die Umgangsschriften,
die jeder Mensch (oder wenigstens jeder Alphabet)
täglich gebraucht. Diese persönlichen Schriften sind
nicht nur von Mensch zu Mensch verschieden, jeder
Mensch ändert zudem seine Handschrift ständig, vor
allem, wenn sie unbewusst hingeschrieben wird. Der
Leser muss sich folglich fortwährend auf immer wie-
der andere formale Eigenwilligkeiten einstellen -
ein zwar höchst interessantes und (ohne graphologi-
sches Interesse) oft hohes ästhetisches, aber auch
anstrengendes Vergnügen. Und keine
Möglichkeit zur Gewöhnung! Das Telefon, die Schreib-
maschine und erst recht der Personalcomputer
enthoben uns dieser Anstrengung radikal.

So sollte ein Manuskript aussehen.

01 SEP '98 17:07 VPOD/SSP ZUERICH +41 1 266 52 53 S.2/7

Ca. 10'600 Zeichen

Interview mit Alain Kiener, Arbeitsmediziner im BWA

"Stress ist ein Leiden, das wir endlich ernst nehmen müssen" 26. Aug. 1998

Stress gehört zu den versteckten Volkskrankheiten unserer Zeit. Spannungen am Arbeitsplatz, mangelnde Integration und ein Leben (fast) ohne Freunde und Famlie können zu Erkrankungen führen. ~~Die SMUV-Zeitung~~ Hannah Einhaus unterhielt sich mit Alain Kiener über Stress als Kehrseite der Wettbewerbsfähigkeit und über mögliche Auswege.

von Hannah Einhaus /28.8.98

(kursiv) ~~*Herr Kiener*~~, *Sie bezeichnen Stress am Arbeitsplatz als Problem höchster Rangordnung. Warum?* — Hannah Einhaus

~~Verschiedene~~ Studien haben das in den letzten Jahren gezeigt. Gemäss einer EU-weiten Untersuchung 1997 ist Stress in Europa das gesundheitliche Problem Nummer zwei, gleich nach den Rückenschmerzen. — Alain Kiener

Ist das Manuskript unübersichtlich, erhöht sich die Fehlerquelle, und es entstehen Missverständnisse.

Korrekturablauf

Durch die Satzherstellung beim Kunden fallen heute wichtige Arbeitsschritte, die bei der Erfassung durch die Druckerei selbstverständlich und im Satzpreis inbegriffen waren, weg. Auch wenn der Text oder die fertigen Seiten auf einem Datenträger geliefert werden, sollte dem Kunden eine sprachliche und typografische Beratung und Kontrolle empfohlen werden.

Elementare Schrift - individuelle Schrift. So ganz abwegig sind die Bemühungen um eine «absolute» Schrift eben doch nicht. Am anderen Ende der die Lesbarkeit messenden Skala stehen die zahllosen individuellen Handschriften, die Umgangschriften, die jeder Mensch (oder wenigstens jeder Alphabet) täglich gebraucht. Der Leser muss sich folglich fortwährend auf immer wieder andere formale Eigenwilligkeiten einstellen - ein zwar höchst interessantes und (ohne graphologisches Interesse) oft hohes ästhethisches, aber auch anstrengendes Vergnügen. Und keine Möglichkeit zur Gewöhnung! Das Telephon, die Schreibmaschine und erst recht der Personal -Computer enthoben uns dieser Anstrengung radikal.

Falls genügend Platz vorhanden, werden die Korrekturen bei abzusetzenden Manuskripten zwischen den Zeilen beziehungsweise Buchstaben angebracht, am besten in einer Farbe, die sonst nicht verwendet wird, zum Beispiel Violett. Sehr schlecht lesbare Stellen werden eingekreist und am Rand wiederholt.

Zeichenerklärung für die Vorkorrektur

NATO	Großbuchstaben schreiben.
NATO	Groß-/Kleinbuchstaben schreiben.
usa	Versalien schreiben.
sog	Ausschreiben.
Korrrekturen	Streichen.
Bern-Basel	Halbgeviertstrich als Streckenstrich ohne Wortabstand.
Er kritisierte - mit Recht,	Halbgeviertstrich als Gedankenstrich mit Wortabstand.
	Spatium (kleiner Raum zum Abtrennen von Satzzeichen ab Mittellängenhöhe). Zur Unterscheidung vom allgemeinen Korrekturzeichen für mehr Raum wird dieses Zeichen für Spatium in einer gesonderten Farbe angebracht.

Vorkorrektur

Die orthografische Vorkorrektur gehört zum Arbeitsbereich des Korrektors. Kommt der Text als Textdatei in die Druckerei, kann auf dem aktuellen Ausdruck des Kunden eine Manuskriptbereinigung vorgenommen werden.

Bei gelieferten Textdateien wird oft auf diese Vorkorrektur verzichtet und erst nach dem Umbruch korrigiert, was vor allem bei Satzarbeiten mit Flattersatz Mehraufwand verursachen kann, da sich der Zeilenfall durch die Korrekturen meist total verändert.

Das Manuskript wird geprüft auf:

- orthografische und grammatische Richtigkeit (nach Duden oder Schreibung nach Manuskript)
- einheitliche Schreibweise von Zahlen, Abkürzungen, Anführungen, Maßangaben und Namen
- Richtigkeit von Namen, Telefonnummern, Straßennamen.

Ist etwas durchwegs falsch geschrieben, kann dem Manuskript oder dem Ausdruck ein Zettel beigeheftet werden, auf dem die entsprechenden Änderungen für den Polygrafen vermerkt werden. Fehler, die wiederholt vorkommen, können mit der **Suchen/Ersetzen-**Funktion eliminiert werden. Würde das Manuskript durch eingefügte Korrekturen zu unübersichtlich, müssen die Korrekturen wie üblich mit den Korrekturzeichen* angezeichnet und am Rand wiederholt werden. Das gilt auch für Ausdrucke von gelieferten Dateien.

*Siehe Band 1, «Typografische Grundlagen», Seite 45.

Hauskorrektur (HK)

Unter der Hauskorrektur versteht man die erste Kontrolle des gesetzten Textes. Für jede Arbeit, die Anspruch auf Qualität erhebt, ist ein zweimaliges Lesen unerlässlich, das heißt, der Text wird zuerst mit Manuskript, dann frei überlesen.
Bei gelieferten Dateien genügt ein einmaliges Korrigieren, falls der Text vor der Formatierung in einem Layoutprogramm bereits vorkorrigiert wurde.

Hauskorrekturrevision

Nachdem die vom Korrektor angezeichneten Korrekturen in der Setzerei ausgeführt worden sind, kommen die Hauskorrekturen zusammen mit einem Abzug des korrigierten Satzes wiederum zum Korrektor zurück, der die Korrigierarbeit des Setzers überprüft und allfällige neue oder übersehene Fehler auf dieser Hauskorrekturrevision anzeichnet. Die Hauskorrektur wird aufbewahrt; sie dient als Beleg für spätere Kontrollen.
Eine Kopie der Hauskorrekturrevision ergibt auch den Abzug für den Kunden (sofern nicht zu viele Fehler stehen geblieben oder neue aufgetaucht sind).

Autorkorrektur (AK) und AK-Revision

Diese Fahnenabzüge (von nicht umbrochenem Satz) oder auch Probeabzüge von umbrochenem Satz werden dem Kunden zugeschickt, der seinerseits eventuelle Korrekturen anbringt und das «Gut zum Umbruch» oder «Gut zum Druck» erteilt.
Bei vielen Fehlern empfiehlt sich schon nach der Ausführung der AK eine AK-Revision und nicht erst nach dem Umbruch.

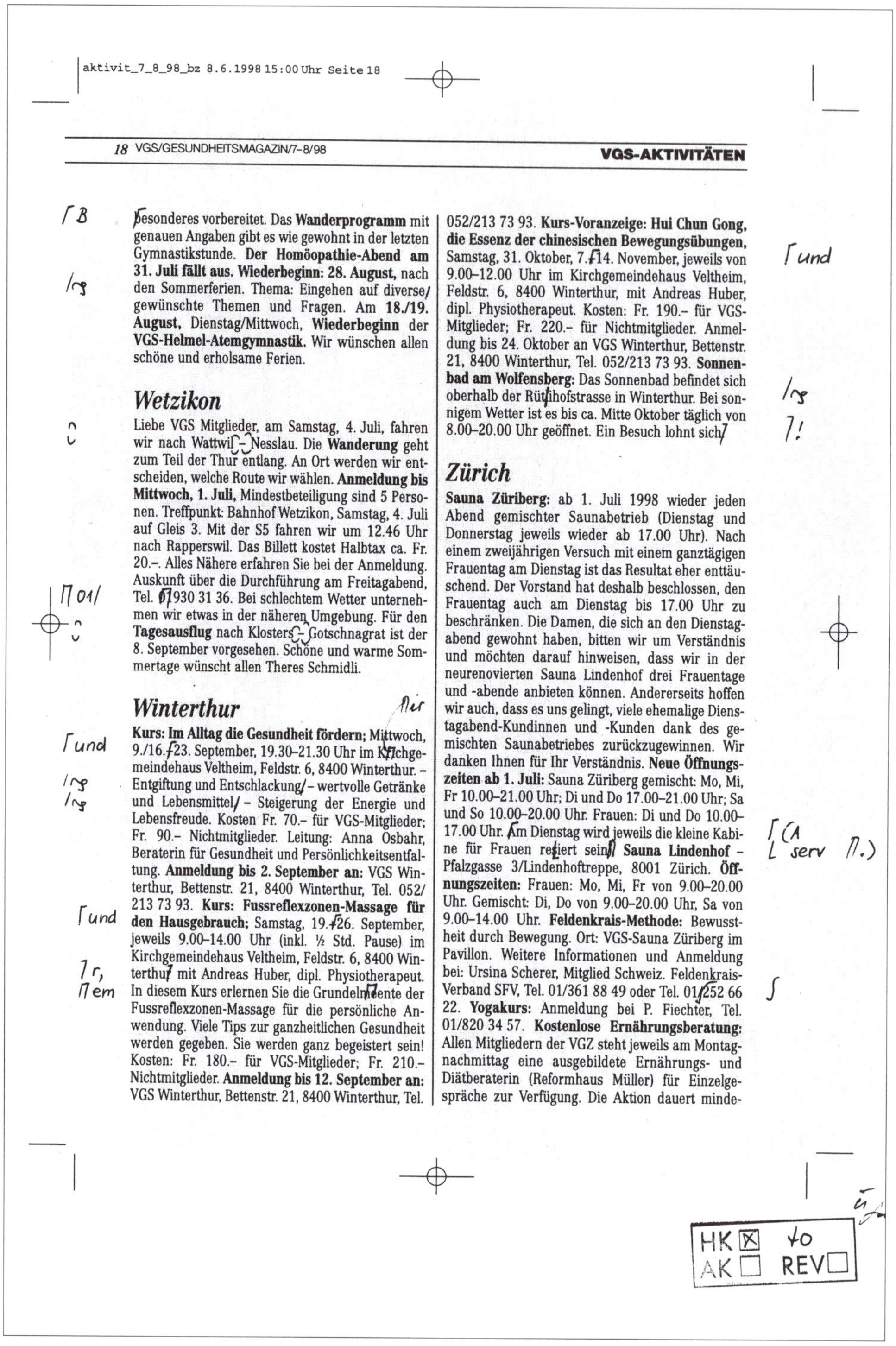

aktivit_7_8_98_bz 8.6.1998 15:00 Uhr Seite 18

18 VGS/GESUNDHEITSMAGAZIN/7–8/98 **VGS-AKTIVITÄTEN**

besonderes vorbereitet. Das **Wanderprogramm** mit genauen Angaben gibt es wie gewohnt in der letzten Gymnastikstunde. **Der Homöopathie-Abend am 31. Juli fällt aus. Wiederbeginn: 28. August,** nach den Sommerferien. Thema: Eingehen auf diverse/ gewünschte Themen und Fragen. Am **18./19. August,** Dienstag/Mittwoch, **Wiederbeginn** der **VGS-Helmel-Atemgymnastik.** Wir wünschen allen schöne und erholsame Ferien.

Wetzikon

Liebe VGS Mitglieder, am Samstag, 4. Juli, fahren wir nach Wattwil – Nesslau. Die **Wanderung** geht zum Teil der Thur entlang. An Ort werden wir entscheiden, welche Route wir wählen. **Anmeldung bis Mittwoch, 1. Juli,** Mindestbeteiligung sind 5 Personen. Treffpunkt: Bahnhof Wetzikon, Samstag, 4. Juli auf Gleis 3. Mit der S5 fahren wir um 12.46 Uhr nach Rapperswil. Das Billett kostet Halbtax ca. Fr. 20.–. Alles Nähere erfahren Sie bei der Anmeldung. Auskunft über die Durchführung am Freitagabend, Tel. 01930 31 36. Bei schlechtem Wetter unternehmen wir etwas in der näheren Umgebung. Für den **Tagesausflug** nach Klosters – Gotschnagrat ist der 8. September vorgesehen. Schöne und warme Sommertage wünscht allen Theres Schmidli.

Winterthur

Kurs: Im Alltag die Gesundheit fördern; Mittwoch, 9./16.23. September, 19.30–21.30 Uhr im Kirchgemeindehaus Veltheim, Feldstr. 6, 8400 Winterthur. – Entgiftung und Entschlackung/ – wertvolle Getränke und Lebensmittel/ – Steigerung der Energie und Lebensfreude. Kosten Fr. 70.– für VGS-Mitglieder; Fr. 90.– Nichtmitglieder. Leitung: Anna Osbahr, Beraterin für Gesundheit und Persönlichkeitsentfaltung. **Anmeldung bis 2. September an:** VGS Winterthur, Bettenstr. 21, 8400 Winterthur, Tel. 052/ 213 73 93. **Kurs: Fussreflexzonen-Massage für den Hausgebrauch;** Samstag, 19.26. September, jeweils 9.00–14.00 Uhr (inkl. ½ Std. Pause) im Kirchgemeindehaus Veltheim, Feldstr. 6, 8400 Winterthur mit Andreas Huber, dipl. Physiotherapeut. In diesem Kurs erlernen Sie die Grundelmeente der Fussreflexzonen-Massage für die persönliche Anwendung. Viele Tips zur ganzheitlichen Gesundheit werden gegeben. Sie werden ganz begeistert sein! Kosten: Fr. 180.– für VGS-Mitglieder; Fr. 210.– Nichtmitglieder. **Anmeldung bis 12. September an:** VGS Winterthur, Bettenstr. 21, 8400 Winterthur, Tel. 052/213 73 93. **Kurs-Voranzeige: Hui Chun Gong, die Essenz der chinesischen Bewegungsübungen,** Samstag, 31. Oktober, 7.14. November, jeweils von 9.00–12.00 Uhr im Kirchgemeindehaus Veltheim, Feldstr. 6, 8400 Winterthur, mit Andreas Huber, dipl. Physiotherapeut. Kosten: Fr. 190.– für VGS-Mitglieder; Fr. 220.– für Nichtmitglieder. Anmeldung bis 24. Oktober an VGS Winterthur, Bettenstr. 21, 8400 Winterthur, Tel. 052/213 73 93. **Sonnenbad am Wolfensberg:** Das Sonnenbad befindet sich oberhalb der Rütihofstrasse in Winterthur. Bei sonnigem Wetter ist es bis ca. Mitte Oktober täglich von 8.00–20.00 Uhr geöffnet. Ein Besuch lohnt sich

Zürich

Sauna Züriberg: ab 1. Juli 1998 wieder jeden Abend gemischter Saunabetrieb (Dienstag und Donnerstag jeweils wieder ab 17.00 Uhr). Nach einem zweijährigen Versuch mit einem ganztägigen Frauentag am Dienstag ist das Resultat eher enttäuschend. Der Vorstand hat deshalb beschlossen, den Frauentag auch am Dienstag bis 17.00 Uhr zu beschränken. Die Damen, die sich an den Dienstagabend gewohnt haben, bitten wir um Verständnis und möchten darauf hinweisen, dass wir in der neurenovierten Sauna Lindenhof drei Frauentage und -abende anbieten können. Andererseits hoffen wir auch, dass es uns gelingt, viele ehemalige Dienstagabend-Kundinnen und -Kunden dank des gemischten Saunabetriebes zurückzugewinnen. Wir danken Ihnen für Ihr Verständnis. **Neue Öffnungszeiten ab 1. Juli:** Sauna Züriberg gemischt: Mo, Mi, Fr 10.00–21.00 Uhr; Di und Do 17.00–21.00 Uhr; Sa und So 10.00–20.00 Uhr. Frauen: Di und Do 10.00–17.00 Uhr. Am Dienstag wird jeweils die kleine Kabine für Frauen reiert sein **Sauna Lindenhof** – Pfalzgasse 3/Lindenhoftreppe, 8001 Zürich. **Öffnungszeiten:** Frauen: Mo, Mi, Fr von 9.00–20.00 Uhr. Gemischt: Di, Do von 9.00–20.00 Uhr, Sa von 9.00–14.00 Uhr. **Feldenkrais-Methode:** Bewusstheit durch Bewegung. Ort: VGS-Sauna Züriberg im Pavillon. Weitere Informationen und Anmeldung bei: Ursina Scherer, Mitglied Schweiz. Feldenkrais-Verband SFV, Tel. 01/361 88 49 oder Tel. 01/252 66 22. **Yogakurs:** Anmeldung bei P. Fiechter, Tel. 01/820 34 57. **Kostenlose Ernährungsberatung:** Allen Mitgliedern der VGZ steht jeweils am Montagnachmittag eine ausgebildete Ernährungs- und Diätberaterin (Reformhaus Müller) für Einzelgespräche zur Verfügung. Die Aktion dauert minde-

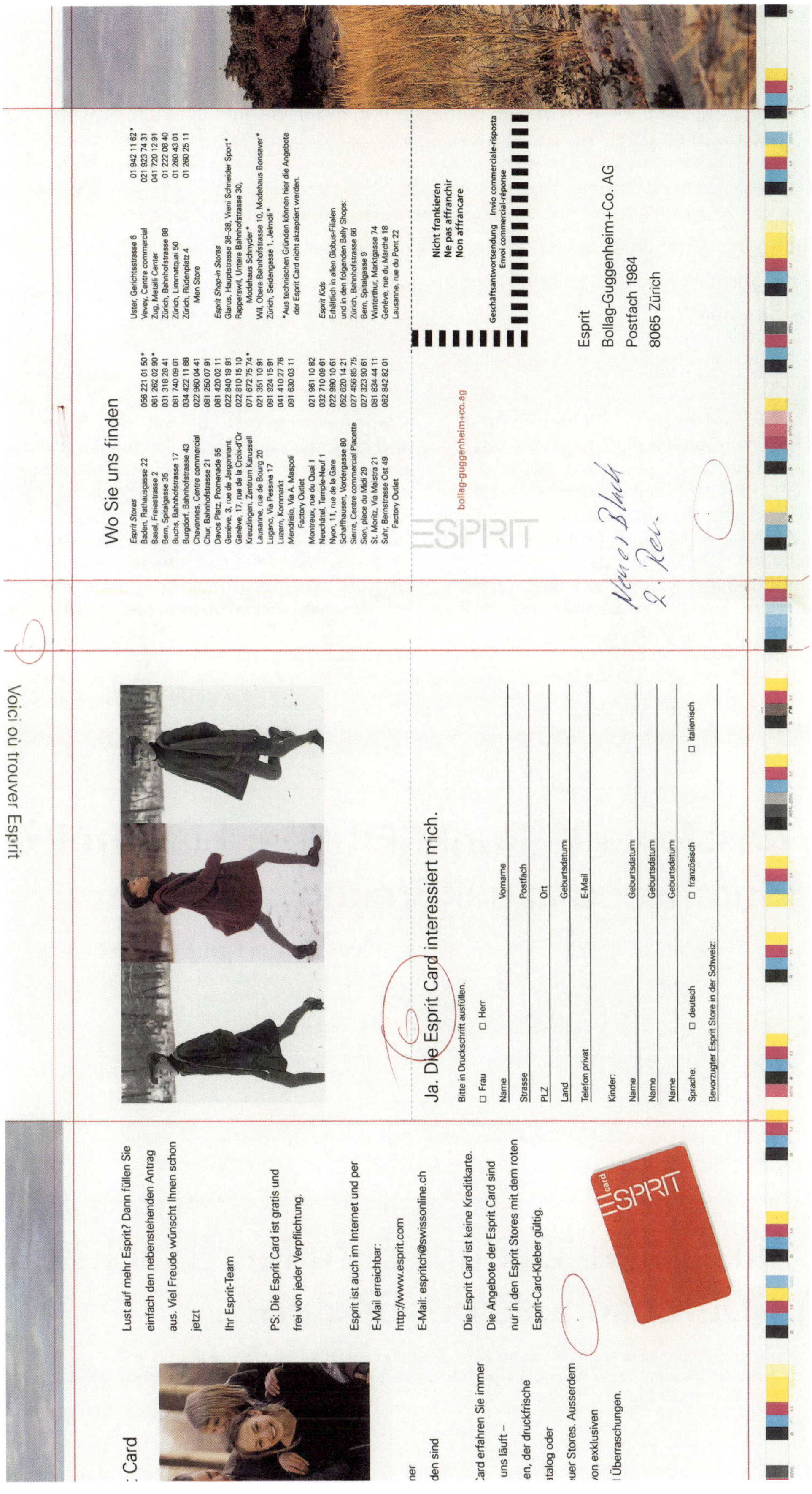

Umbruchrevision

Die Setzerei führt die Korrekturen des Autors aus, anschließend werden die Spalten zusammen mit allfälligen Bildern und Tabellen sowie Grafiken zu fertigen Seiten umbrochen. Diese Abzüge der umbrochenen Seiten gehen hierauf zusammen mit der AK ein weiteres Mal ins Korrekturbüro. Der Korrektor prüft zunächst die Ausführung der AK und dann den Umbruch. Der druckfertige Umbruch wird ein weiteres Mal dem Kunden zur letzten Überprüfung vorgelegt.
Ist dieser mit allem zufrieden, unterschreibt er den «Gut zum Druck»-Zettel.

Bogenrevision

Bei mehrseitigen Arbeiten werden in der Bogenmontage die einzelnen Seiten nach dem «Gut zum Druck» zu Druckformen zusammengestellt (Ausschießen, analog oder digital). Auch diese Bogen (heute meist Plotts*) gehen nochmals in die Korrektur und werden überprüft; man beschränkt sich auf Seitenfolge und Standkontrollen und das Anzeichnen von Falz- und Schnittzeichen, die vor dem Auflagendruck von der Platte entfernt werden müssen, wenn sie nicht automatisch bei der Weiterverarbeitung weggeschnitten werden.

Maschinenrevision

Darunter versteht man die letzte Kontrolle vor dem Fortdruck. Neben den letzten Korrekturen werden die Druckfarbe, die Papierqualität usw. geprüft; bei mehrseitigen Arbeiten wird ein Bogen gefalzt und die Seitenfolge kontrolliert.

*Siehe Glossar, Seite 79.

Mikro-/Detailtypografie in der sprachlichen beziehungsweise formalen Avor

Im Gegensatz zum schreibmaschinengeschriebenen Text gibt es für den Schriftsatz bestimmte Vorschriften für das Setzen von Zeichen, Zahlen und Abkürzungen. Diese Regeln dienen allesamt dazu, den Satz schöner und regelmäßiger zu setzen und die Lesbarkeit zu verbessern. Die folgenden Regeln sind alle sowohl mit sprachlichen Sachverhalten als auch mit den formalen Regeln der Mikro-/Detailtypografie erklärbar.
Mit der Verbreitung der Personalcomputer und ihrem Einsatz als Satzherstellungsgeräte werden die meisten Texte mit «Druckschriften» gesetzt – die Satzqualität entspricht jedoch weiterhin dem schreibmaschinengeschriebenen Manuskript. Die Kenntnis der typografischen Regeln und ihre konsequente Anwendung gehören zu einem guten Satz wie die korrekte Rechtschreibung und die gute Gestaltung – nach dem Grundsatz: Typografie macht Sprache lesbar!

Leerzeichen

Im Schriftsatz werden unterschiedliche Leerzeichen verwendet. Dies geschieht einerseits aus optischen Gründen, damit der Satz seine gleichmäßige Grauwirkung behält und keine «Löcher» entstehen, anderseits aus Gründen der Lesbarkeit, damit einzelne Begriffe, die zusammengehören, nicht auseinandergerissen werden.

Vom Ausgangsquadrat mit der Seite a = 148 mm nehmen wir die Diagonale, um das Format A5 mit den Seiten a = 148 mm und c = 210 mm zu erhalten, und wir nehmen die Halbdiagonale, um das Format A6 mit den Seiten a = 148 mm und b = 105 mm zu erhalten. Die kleinere Seite von A6 und die größere von A5 ergeben das Format A 6/5 mit den Seiten b = 105 mm und c = 210 mm, also ein Doppelquadrat.

Mit normalem Wortabstand gesetzt.

Vom Ausgangsquadrat mit der Seite a = 148 mm nehmen wir die Diagonale, um das Format A5 mit den Seiten a = 148 mm und c = 210 mm zu erhalten, und wir nehmen die Halbdiagonale, um das Format A6 mit den Seiten a = 148 mm und b = 105 mm zu erhalten. Die kleinere Seite von A6 und die größere von A5 ergeben das Format A6/5 mit den Seiten b = 105 mm und c = 210 mm, also ein Doppelquadrat.

Mit verschiedenen Leerzeichen gesetzt.

Wortabstand*

Der Wortabstand einer normal laufenden Schrift hat eine Breite zwischen einem Drittel- und einem Viertelgeviert. Mehrgliedrige Begriffe, die mit dem Wortabstand gesetzt werden, können am Zeilenende getrennt werden.
␣ = Normaler Wortabstand

*Siehe Seiten 65 und 70 sowie Band 2, «Satztechnik», Seite 10 ff.

… dass eine 10 Punkt Frutiger black mit 2
pt Durchschuss bei Breiten …

Diese Blocksatzzeilen sind mit normalem Wortabstand versetzt. Die Ziffer 2 wird vom Begriff abgetrennt.

Geschützter Wortabstand

Dieser Wortabstand verhindert, dass Begriffe, die zusammenbleiben sollen, am Zeilenende getrennt werden.
⌥ ⌘ **X** = Geschütztes Leerzeichen

… dass eine 10 Punkt Frutiger black mit
2 pt Durchschuss bei Breiten …

Die Zeilen sind mit normalem Wortabstand versetzt. Die Ziffer 2 und der Begriff wurden mit einem «Geschützten Wortabstand» zusammengehalten (die obere Zeile wird beim Blocksatz ausgetrieben, deshalb die größeren Wortabstände).

3.Rang
5 kg
4.3.95

3. Rang
5 kg
4. 3. 95

3. Rang
5 kg
4. 3. 95

❶ 3.Rang
❷ 5 kg
❸ 4.3.95

3. Rang
5 kg
4. 3. 95

3. Rang
5 kg
4. 3. 95

❶ Ohne Leerschlag.
❷ 1 Leerschlag.
❸ Ohne Leerschlag.

Normaler Wortabstand.

Verringerter Wortabstand (Achtel- oder Sechstelgeviert, bzw. 125 oder 167 Einheiten)

Bei der Schreibmaschinenschrift weisen alle Buchstaben und Leerräume die gleiche Dickte auf.

Festwert/Verringerter Wortabstand

So bezeichnet man in der Typografie einen Leerraum, der unveränderlich und kleiner ist als ein normaler Wortabstand (ungefähr die Häfte eines optimalen Wortabstandes), auf gar keinen Fall aber größer oder gleich groß sein sollte wie der eingegebene minimale Wortabstand* innerhalb eines Blocksatzes.

In QuarkXPress wird er als «Flexibles Leerzeichen» bzw. «Geschütztes Flexibles Leerzeichen»** angewendet. Meist wählt man in den Lesegrößen ein Achtelgeviert, etwa nach Abkürzungspunkten (3. August) oder bei zweiteiligen Begriffen, die eine sprachliche Einheit bilden (z. B.). Das kann aber je nach Schriftart/-größe variieren!

⌥ ⇧ ⌘ M = Achtelgeviert geschützt

*Siehe Seiten 65 und 70.

**Kann je nach Schriftcharakter und Schriftgröße eingestellt werden. «Geschützt» verhindert, dass Begriffe, die zusammenbleiben sollen, am Zeilenende getrennt werden.
InDesign benutzt dafür das «Geschützte Leerzeichen», welches sich aber auf die Breite eines normalen Wortabstandes bezieht und daher bei der Verwendeng als Festwert verringert werden muss.

* 1472
† 1893
36 °
50 %

*1472
†1893
36°
50%

*1472
†1893
36°
50%

Mit Wortabstand.

Ohne Wortabstand.

Kleiner Raum/Spatium.

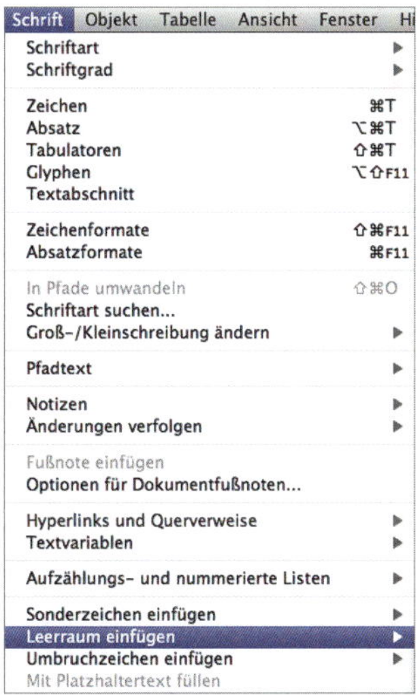

❶ 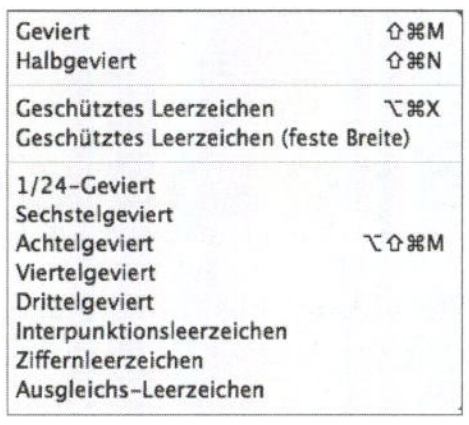

Kleiner Raum/Spatium

Unter einem kleinen Raum (im Bleisatz Spatium, im DTP Unterschneidungswert) versteht man den Abstand, der kleiner ist als der minimale Wortabstand (Faustregel: etwa die Hälfte des Festwertes, ungefähr also 1⁄16-Geviert) und dazu dient, bestimmte Begriffszeichen optisch abzutrennen oder zu gliedern. Dieser kleine Raum entspricht im InDesign ungefähr dem Wert von 50 bis 100 Einheiten, je nach Schriftart und Schriftgröße.

⌥ ◂ oder ▸

❶ Der unter **Schrift → Leerraum einfügen** mögliche Wert von 1⁄24-Geviert ist meist zu klein und in Lesegrößen gar nicht sichtbar.

Siehe Seite 59.

Ausschreiben oder in Ziffern
Kurze Zahlen (ein- oder zweisilbige) werden in allgemeinen Texten in Buchstaben gesetzt, längere in Ziffern. Einsilbige Zahlen werden in Ziffern gesetzt, wenn sie mit mehrsilbigen im gleichen Zusammenhang stehen oder wenn die Zahlen Vergleichswert haben.

Wir fahren für drei bis vier Tage in den Urlaub.

Es wurden zwischen 10 und 25 Kinder erwartet.

Maßeinheiten
Zusammen mit gängigen Maßeinheiten werden Zahlen nicht ausgeschrieben, höchstens in literarischem Satz. Sie werden mit einem kleineren Raum (Festwert) vor die Abkürzung gesetzt.

Siehe auch Band 1, «Typografische Grundlagen», Seite 49ff.

30 mm
28 l
45 min
Normaler Wortabstand.

30 mm
28 l
45 min
Geschützter Festwert (verringerter Wortabstand).

Ordnungszahlen
Mit Ziffern geschriebene Ordnungszahlen dürfen nicht vom zugehörigen Wort getrennt am Ende einer Zeile stehen. Der Raum nach dem Punkt darf auf keinen Fall größer sein als der kleinste Wortabstand (Festwert), besser kleiner.

… eine Buchschrift, die im 15. und 16.
Jahrhundert geschrieben …
Normaler Wortabstand, die Zahl und das Jahrhundert werden getrennt.

… eine Buchschrift, die im 15. und
16. Jahrhundert geschrieben …
Geschützter Festwert (verringerter Wortabstand, Festwert), die Ordnungszahl bleibt beim Jahrhundert.

Zahlengruppen
Im fortlaufenden Text werden die Zahlen ab fünf Stellen mit dem Festwert in Zahlengruppen unterteilt, in den Tabellen aber schon die vierstelligen.

Die **IBAN** erhält keine Sonderzeichen wie Punkte, Trennstriche o.ä. Die IBAN wird im Schriftverkehr immer in 4er-Blöcken dargestellt, damit sie leichter lesbar ist. Beachtet werden muss vor allem die letzte, freistehende Zahl.

Die Auflage beträgt 24 000 Ex., davon 3000 französisch.

6 000
30 500
285 000

CH31 8123 9000 0012 4568 9

IBAN ist die Abkürzung für **I**nternational **B**ank **A**ccount **N**umber und steht für das neue international gültige Kontoformat. Im Aufbau ist eine IBAN für alle teilnehmenden Länder gleich; sie umfasst maximal 34 Stellen. Die Schweiz hat die IBAN ihren Bedürfnissen entsprechend auf 21 Stellen festgelegt.

15.12.1995
15. Dezember 1995
15. Dez. 1995

Jahreszahlen
Mit Ziffern gesetzte Monatsnamen bei Jahreszahlen werden mit Festwert gegliedert, besser ist es aber auf jeden Fall, den Monatsnamen auszuschreiben.

Telefon 053 984 46 29
Telefon 053 984 46 29

Erste Zeile: Normaler Wortabstand nach Regionalkennzahl, nachher geschützter Festwert (für Lauftext).
Zweite Zeile: Überall normaler Wortabstand (Visitenkarten, Briefbögen usw.).

Telefonnummern
Regionkennzahlen werden im fortlaufenden Text mit einem normalen Wortabstand vor die Telefonnummer gesetzt. Die eigentliche Telefonnummer wird mit einem geschützten Festwert optisch gegliedert. Auf Visitenkarten usw. Wortabstände!

Fribourg 17-40053-5

Postkontonummer
Die Nummer des Postkontoamtes und die zugehörige Kontonummer werden durch ein Divis getrennt. Das Divis wird optisch eingemittet.

CH-8914 Aeugst a. A.

Postleitzahl
Die Landesabkürzung und die Postleitzahl werden durch ein Divis getrennt. Das Divis wird eingemittet.

Breitenstraße 528

Hausnummern
Die Nummer wird im Flattersatz vom Straßennamen mit einem geschützten Wortzwischenraum (Leerzeichen) getrennt, damit die Zahl nicht alleine auf einer neuen Zeile zu stehen kommt. Im Blocksatz besser mit einem geschützten Festwert (Achtelgeviert) setzen, damit bei einer Zeile mit großen Wortzwischenräumen zwischen Wort und Zahl kein zu großer Abstand entsteht.
Geschütztes Leerzeichen = ⌥ ⌘ **X**
Achtelgeviert = ⌥ ⇧ ⌘ **M**

Satz- und Sonderzeichen*

«Viele Regeln, die die Abstände vor oder nach bestimmten Versalien und Satzzeichen betreffen und früher in gepflegter Typografie ohne Weiteres beachtet worden sind, werden heute kaum mehr eingehalten. Sie sind aber nicht nur für ein gleichmäßiges Satzbild, sondern auch für das problemlose Textverständnis wichtig. Je nach System müssen die entsprechenden Einheiten zugegeben oder weggelassen werden.»

Aus dem Buch «Das Detail in der Typografie» von Jost Hochuli.

Apostroph

Der Apostroph wird ohne Zwischenraum direkt an das Wort gesetzt; der folgende Wortabstand wird kleiner gehalten.

' = ⌥ ⇧! (CH)

' = ⌥ ⇧ $ (D)

Vreni's Chäslade

Parkinson'sche Krankheit

Felix' Geburtstag

Anführungszeichen

Im Schriftsatz werden in der Schweiz die französischen Guillemets gesetzt (in Deutschland sind sie umgekehrt). Bei doppelter Anführung setzen wir einfache Guillemets oder Gänsefüßchen. Guillemets werden durch einen kleinen Raum (Spatium) vom Wort getrennt.

⌥ , = Anführung (CH)

⌥ ⇧ , = Abführung (CH)

⌥ ⇧q = Anführung (D)

⌥ q = Abführung (D)

Siehe auch Seite 43.

Sie rief: «Komm doch mal her!»

Er nennt das «Peters ‹Chuchi›-Stuhl».

Er nennt das ‹Peters «Chuchi»-Stuhl›.

Sie rief: »Komm doch mal her!«

Anwendung der Guillemets in Deutschland.

Divis

Das Divis (Viertelgeviertstrich) wird bei Worttrennungen, bei Kuppelwörtern (optisch eingemittet) und bei ausgelassenen Wortteilen oder Sportresultaten (mit dem Festwert versetzt) verwendet.

Divis = -

Didot-Punktsystem

Buchstaben-, Wort- und Zeilenabstände

ZSC - HCD 5:3

*Mehr dazu auch im Buch «Sonderzeichen» von Ralf Turtschi, das sich ausführlich mit diesem Thema auseinandersetzt.

Ich bin – trotz allem – bei guter Laune.
Die Strecke Winterthur–St.Gallen
Öffnungszeiten 10–12, 14–17 Uhr
Der Preis beträgt Fr. 7.–, inkl. Porto.
Das Spiel FCB – GC endete 8:0!

Neben dem Divis kann in Sportberichten auch der Halbgeviertstrich als Strich für das Wort «gegen» verwendet werden. Er wird mit einem Festwert versetzt.

Halbgeviertstrich

Der Halbgeviertstrich wird als Gedankenstrich (mit Wortabstand), als Streckenstrich (ohne Wortabstand) und mit der Bedeutung «bis» (ohne Abstand, optisch eingemittet) verwendet. Im fortlaufenden Satz kann er auch bei Währungen an der Stelle von 0 Franken bzw. 0 Rappen eingesetzt werden. Er darf im Text nicht am Anfang einer Zeile stehen, im Notfall am Ende, besser aber innerhalb der Zeile.
Halbgeviertstrich = ⌥ **-** (Divis)

Fr. 2356.55
Fr. 289.—
Fr. —.80

Die Breite des Geviertstrichs kann auch im Menü unter Schrift → Zeichen angepasst werden.

1–10	9.—	4.50
11–20	3.—	4.20
21–30	2.70	4.—
31–50	2.60	3.90

Geviertstrich

Nach Duden ist der Geviertstrich als Gedankenstrich erlaubt.
In der Regel wird der Geviertstrich nur noch in Tabellen verwendet. Er sollte die Breite von zwei Ziffern haben.
In den meisten normalen Schriften (z.B. Univers 55) basieren die numerischen Zahlen auf dem Halbgeviert und stehen daher im Tabellensatz untereinander. Vorsicht bei Zier- oder Extended-Schriften.
Geviertstrich = ⌥ ⇧ **-** (Divis)

Bankrott (vom Italienischen banca rotta [zusammengebrochene Bank]) bedeutet Zahlungsunfähigkeit.

Klammern

Die Klammern werden mit einem kleinen Raum (Spatium) vom Text getrennt. Erläuterungen zu einem bereits eingeklammerten Zusatz werden mit eckigen Klammern gesetzt.
Eckige Klammer = ⌥ **5**
Eckige Klammer = ⌥ **6**

Auslassungspunkte

Wird ein Wort nicht ausgeschrieben oder ein Satz nicht fertig geschrieben, ersetzen drei Punkte den Rest des Wortes. Die Auslassungspunkte werden mit dem Festwert vom Rest des Wortes und untereinander abgetrennt.
Ersetzen sie ein ganzes Wort, Satzteile oder ganze Sätze, werden sie beidseitig mit Wortzwischenräumen vom Text getrennt. Stehen sie am Satzende, entfällt der Schlusspunkt.
Auslassungspunkte = ⌥ .

Mit «Para . . .» beginnt das Wort.
Wozu soll dieser . . . gut sein?
Es geschah im Jahre 44 v. Chr. . . .
Schön wärs . . .

«So leck er mich im A . . . . .» (Goethe, Götz von Berlichingen)

Bei Wörtern und Zitaten können auch so viele Punkte gesetzt werden, wie Buchstaben fehlen.

Achtung: beim Einsatz der automatischen Tastenfunktion ⌥ . im ersten und in den zwei letzten Beispielen ist darauf zu achten, dass der Abstand vom letzten Buchstaben eines Wortes zum ersten Punkt gleich groß ist wie die Abstände zwischen den Punkten selbst!

Stern und Kreuz

Der Stern * (geboren) und das Kreuz † (gestorben) werden mit einem kleinen Raum von der Jahrzahl oder vom Wort getrennt.

Lucas Cranach, * 1472, † 1553

Mathematische Zeichen

Mathematische Zeichen werden mit einem Festwert von der Ziffer getrennt.

$$12{,}3 + 3\,(y - 0{,}9) = 0{,}5y - 11{,}3$$

Fußnotenzeichen

Als Fußnotenzeichen im Text werden hochgestellte Ziffern oder Sterne gesetzt. Der Exponent oder der Stern steht mit einem kleinen Raum (Spatium) zum Text.
Im Fußnotentext steht die Ziffer oder der Stern mit einem kleinen Abstand (Spatium) zum Text.

Siehe Seite 44.

Als Fußnotenzeichen werden hochgestellte Ziffern[6] oder Sterne* gesetzt.

[6] In der Fußnote wird die hochgestellte Ziffer mit einem kleinen Raum vor den nachfolgenden Text gestellt.

* In der Fußnote wird der Stern mit einem kleinen Raum vor den nachfolgenden Text gestellt.

Temperatur im Schatten: 28°
Temperatur im Schatten: 28 °C
Temperatur im Schatten: 28° Celsius
Spitze Winkel mit ungefähr 30°

Gradzeichen

Gradzeichen stehen mit einem kleinen Raum vor der Ziffer. Wird Celsius mit C angegeben, setzt man den Festwert nach der Maßangabe vor °C, und zwischen dem Gradzeichen und C kommt ein kleiner Raum (etwa 50 bis 90 Einheiten).
Wird Celsius ausgeschrieben, kann das Gradzeichen bei der Maßangabe mit einem Wortabstand zu Celsius stehen.

Freund/Freundin
blaue große / kleine rote Kleider

Schrägstrich

Der Schrägstrich zwischen Einzelwörtern wird optisch eingemittet, sonst mit Festwert gesetzt und eingemittet.

---

50 %
32 ‰

Prozent-/Promillezeichen

Das Prozent- und das Promillezeichen werden mit einem kleinem Raum (Spatium) oder einem Festwert (je nach Schrift) von der Ziffer getrennt.

Ich und stur! Was fällt dir nur ein?
Keine Frage: Die Angelegenheit ist erledigt; wir können einen neuen Anfang wagen!

Satzzeichen

Satzzeichen ab x-Höhe wie etwa Semikolon (;), Doppelpunkt (:), Fragezeichen (?) sowie Ausrufezeichen (!) werden mit einem kleinen Raum vom vorangehenden Text getrennt.
Wie viel, das ist von Schrift zu Schrift verschieden, denn es gibt Schriften, bei denen die Vorbreite eines entsprechenden Zeichens schon vorgegeben ist, sodass dieser Raum nicht mehr gesetzt werden muss. Auch die Schriftart und -größe beeinflussen diesen Wert, der zwischen 50 und 90 Einheiten variieren kann (Faustregel).

Abkürzungen

Grundsätzlich sind Bequemlichkeitsabkürzungen der Autoren nicht zu setzen, außer natürlich in rein technischen Artikeln oder bei Platzknappheit. In schöngeistigen Werken sollten überhaupt keine Abkürzungen vorkommen. Ausnahme: Wenn die Abkürzung üblicher ist als das ausgeschriebene Wort (zum Beispiel usw. für und so weiter). Einfache und mehrgliedrige Abkürzungen haben in der Regel einen Punkt. Kommt eine Abkürzung ans Ende eines Satzes zu stehen, so dient der Abkürzungspunkt auch als Schlusspunkt. Ohne Punkt stehen internationale Abkürzungen (in allen Sprachen gleich, zum Beispiel min, h, km usw.) für Maße, Gewichte, Himmelsrichtungen und chemische Elemente.

Mehrgliedrige Abkürzungen werden mit geschütztem Festwert gesetzt. Dieser Festwert erfüllt zwei Funktionen:

– Mehrgliedrige Abkürzungen werden dadurch am Zeilenende nicht getrennt.

– Werden Abkürzungen mit Punkten mit dem normalen Wortabstand gesetzt, entsteht durch das Fleisch des Punktes ein optisch größerer Abstand, oder es geht bei einer weitlaufenden Blocksatzzeile die enge sprachliche Zusammengehörigkeit der einzelnen Teile verloren. Dies wird durch einen Festwert vermieden, der auf keinen Fall größer als der minimale Wortabstand gewählt werden darf, besser etwas kleiner.

SI-Einheiten siehe Band 1, «Typografische Grundlagen», Seite 49f.

Häufige Abkürzungen

Abb.	Abbildung	Mio., Mrd.	Millionen, Milliarden (auch Mia., aber schlecht wegen Verwechslung mit Mio.)
Anm.	Anmerkung	Nr.	Nummer
Bd., Bde.	Band, Bände	Fr., SFr., CHF	Schweizer Franken
bzw.	beziehungsweise	sog.	sogenannt
n. Chr., v. Chr.	nach Christus, vor Christus	St.	Stück
ca.	zirka, durch etwa ersetzen	MwSt./MWST	Mehrwertsteuer
d. h.	das heißt	usw.	und so weiter
eidg.	eidgenössisch	u. Ä.	und Ähnliches
etc.	et cetera, im Text durch usw. ersetzen	u. a.	unter anderem, und andere
evtl.	eventuell	u. a. m.	und anderes mehr
exkl.	exklusive	z. B.	zum Beispiel
Ex.	Exemplar	z. Hd., z. H.	zu Handen
f., ff.	folgende Seite, folgende Seiten	z. T.	zum Teil
Jh.	Jahrhundert	z. Z.	zur Zeit/zurzeit

Versalabkürzungen

AHV	Alters- und Hinterlassenenversicherung
DIN	Deutsches Institut für Normung e. V.
GmbH	Gesellschaft mit beschränkter Haftung
RhB	Rhätische Bahn
StGB	Schweizerisches Strafgesetzbuch
SUVA, Suva	Schweizerische Unfallversicherungsanstalt

Versalabkürzungen werden meistens ohne Punkt gesetzt. Versalabkürzungen mit Kleinbuchstaben werden ebenfalls ohne Punkt gesetzt. Versalabkürzungen, die als Wort und nicht als Einzelbuchstaben gelesen werden, können, sofern vom Kunden nicht ausdrücklich gewünscht, wie normale Wörter gesetzt werden (z. B. UNO als Uno, NATO als Nato).

Akademische Titel

cand.	candidatus (Kandidat)
dipl. Ing. ETH	diplomierter Ingenieur der ETH
D.	Doktor der (protestantischen) Theologie
Dr. ing. agr.	Ingenieur-Agronom der Landwirtschaft
Dr. med.	medicinae (Doktor der Medizin)
Dr. med. dent.	medicinae dentariae (Doktor der Zahnheilkunde)
Dr. med. vet.	medicinae veterinariae (Doktor der Tierheilkunde)
Dr. oec. publ.	Doktor der Volkswirtschaft
Dr. h. c.	honoris causa (Doktor ehrenhalber)
Dr. iur.	iuris (Doktor der Rechte), nach Duden auch Dr. jur.
DDr.	Träger mehrerer Doktortitel
Dres.	doctores (zum Beispiel zwei Doktoren)
FMH	Foederatio Medicorum Helveticorum (Vereinigung schweizerischer Fachärzte)
Ing. HTL	Ingenieur Höhere Technische Lehranstalt
lic.	Lizenziat (akademischer Grad, Hochschulwürde)
Pfr.	Pfarrer

Zwei- und dreiteilige Titel immer mit einem untrennbaren Festwert tasten, wenn mehrteilig, mit trennbarem Festwert, da vor allem bei schmalen Spalten im Blocksatz Trennmöglichkeiten gegeben werden müssen, um Löcher zu vermeiden.

G.|Huber
Dr.|G.|Huber
Prof.¦Dr.|med.¦G.|Huber
| = untrennbarer Festwert
¦ = trennbarer Festwert

Trennungen im Blocksatz
Bei einer idealen Satzbreite von 50 bis 80 Buchstaben pro Zeile oder 8 bis 10 Wörtern sollten in einem guten (deutschsprachigen) Blocksatz die typografischen Trennregeln angewendet werden, d. h., es sollten nicht mehr als drei Trennungen untereinander und nur sprachlich sinnvolle vorkommen sowie nicht weniger als drei Buchstaben auf der oberen/unteren Zeile abgetrennt werden. Ausnahmen: Vorsilben (ge-sungen) oder Wörter mit nur zwei Buchstaben (Ei-gelb, berg-ab).
Diese Regeln gelten analog auch für den Flattersatz.

Siehe Seite 64 und Band 2, «Satztechnik», Seite 38ff.

Die Schriftwahl ist von eminenter Bedeutung; nicht nur im Buch, sondern auch in der täglichen Werbung vermag sie das «Innere nach außen zu stülpen». Über die Schriftwahl hinaus ist noch etwas anderes wichtig: Man muss die Absicht hinter der typografischen Form erkennen können. Und: Typografie muss lesbar sein. Wenn man aber von der Typografie Lesbarkeit verlangt, dann muss man doch wohl auch von den Texten Lesbarkeit verlangen – mit Lesbarem meine ich Wahres, Informatives, überzeugend Werbendes. Typografie als Vermittlerin schöner Sprüche: Sie vermöchte doch wohl mehr zu leisten! Fast alle Schriften werden heute zu eng gesetzt; bei Schriften mit Serifen gilt dies ganz besonders. Proportional verkleinerte Fotosatzschriften werden in den kleinsten Graden dünn und spitz; ein optischer Ausgleich – auch in der Laufweite – muss technisch möglich gemacht werden.

Optimaler Blocksatz.
Im Blocksatz sollte die Satzbreite je nach Schrift 35 bis 40 Zeichen nicht unterschreiten, da sonst im deutschsprachigen Satz wegen der vielen langen (zusammengesetzten) Wörter zu große «Löcher» beim Wortabstand entstehen.

... im Flattersatz
Beim Flattersatz bleibt der Wortabstand – abgesehen von optischen Korrekturen – unverändert. Es entstehen auch bei schmalen Spalten keine Löcher. Sogenannter Rausatz, das heißt unausgeschlossener Blocksatz oder Flattersatz mit kurzer Flatterzone, soll nur bei schmalen Spalten angewendet werden.
Um einen rhythmischen, guten Flattersatz zu erreichen, muss die Breite des Flattersatzbereichs auf etwa ⅕ bis ⅐ der Satzbreite eingestellt werden, je nach Satzbreite. Sprachlich gute Trennungen sind oft nur durch gewollte Trennstellen und manuelles Eingreifen zu erreichen.
Weiche Trennstelle = ⌘⇧-
Neue Zeile = ⇧ ↵

Siehe Seite 64 und Band 2, «Satztechnik», Seite 42ff.

Die Schriftwahl ist von eminenter Bedeutung; nicht nur im Buch, sondern auch in der täglichen Werbung vermag sie das «Innere nach außen zu stülpen». Über die Schriftwahl hinaus ist noch etwas anderes wichtig: Man muss die Absicht hinter der typografischen Form erkennen können. Und: Typografie muss lesbar sein. Wenn man aber von der Typografie Lesbarkeit verlangt, dann muss man doch wohl auch von den Texten Lesbarkeit verlangen – mit Lesbarem meine ich Wahres, Informatives, überzeugend Werbendes. Typografie als Vermittlerin schöner Sprüche: Sie vermöchte doch wohl mehr zu leisten! Fast alle Schriften werden heute zu eng gesetzt; bei Schriften mit Serifen gilt dies ganz besonders. Proportional verkleinerte Fotosatzschriften werden in den kleinsten Graden dünn und spitz; ein optischer Ausgleich – auch in der Laufweite – muss technisch möglich gemacht werden.

Rausatz.

Die Schriftwahl ist von eminenter Bedeutung; nicht nur im Buch, sondern
auch in der täglichen Werbung vermag sie
das «Innere nach außen zu stülpen».
Über die Schriftwahl hinaus ist noch etwas
anderes wichtig: Man muss die Absicht
hinter der typografischen Form erkennen
können. Und: Typografie muss lesbar
sein. Wenn man aber von der Typografie
Lesbarkeit verlangt, dann muss man
doch wohl auch von den Texten Lesbarkeit
verlangen – mit Lesbarem meine ich
Wahres, Informatives, überzeugend Werbendes. Typografie als Vermittlerin
schöner Sprüche: Sie vermöchte doch wohl
mehr zu leisten! Fast alle Schriften
werden heute zu eng gesetzt; bei Schriften
mit Serifen gilt dies ganz besonders.
Proportional verkleinerte Fotosatzschriften
werden in den kleinsten Graden dünn
und spitz; ein optischer Ausgleich – auch
in der Laufweite – muss technisch
möglich gemacht werden.

Flattersatz.

Flatterbereich

Formale Avor

Der erste Schritt bei der Herstellung einer Publikation besteht darin, das Ziel der Arbeit festzulegen. Eine gute Typografie sollte sich immer nach dem Zweck, dem Inhalt sowie, auch ganz wichtig, dem Zielpublikum der Publikation ausrichten.

- Was will die Publikation vermitteln?
- Wer sind die Leser?
- Gibt es Richtlinien (Corporate Identity, Normen [Postvorschriften]), die zu beachten sind?
- Sind bestehende Logos, Schriftzüge usw. zu verwenden und in die Gestaltung zu integrieren?
- Wie ist das Format, der Umfang?
- Wie viele Farben* dürfen verwendet werden? Wird die Publikation mit einer oder mehreren Schmuckfarben (zum Beispiel Pantone) oder im Vierfarbenmodus (CMYK) gedruckt, oder kann eventuell mit RGB-Farben gearbeitet werden (Digitaldruck, Screen-Medien)?
- Wird die Publikation ein- oder mehrseitig; sind Vorder- und Rückseite bedruckt?
- Wird die Publikation nur gedruckt, oder ist als weiteres Ausgabemedium irgendeine Screen-Verwendung vorgesehen wie Web-Site, iPad oder iPhone?

Sind diese Fragen geklärt, kann man mit dem Entwerfen beginnen.
Nachher drängt sich als wichtiger Teil in der Arbeitsvorbereitung, vor allem innerhalb des Erscheinungsbildes zum Beispiel einer Firma, die Herstellung eines Gestaltungsmanuals geradezu auf. Damit können Publikationen ohne zeitraubende Rücksprache mit Dritten ausgeführt werden.

*Siehe Seite 74f.

In diesem Heft geht es lediglich darum, das ganze Spektrum der Arbeitsvorbereitung aufzuzeigen. Die Art und Weise des Vorgehens ist davon abhängig, um welche Art von Publikationen es sich handelt und welche Möglichkeiten der Entwurfstechnik zur Verfügung stehen.
So wird auch immer wieder die Diskussion darüber geführt, ob die manuellen Avor-Techniken gerade im formalen und gestalterischen Bereich im Zeitalter des Computers noch sinnvoll sind.
Diese Frage ist absolut zu bejahen, denn nirgends habe ich den besseren Überblick, wie ein Endprodukt aussehen soll, als wenn ich es auf dem Papier vor mir sehe.

Das Gestaltungsmanual

Ein Corporate Design (CD) ist immer ein Ausdruck der Unternehmeridentität. Das Gestaltungsmanual zeigt die verbindlichen Standards dafür auf und ist das Mittel für die umfassende visuelle Darstellung eines Print-, Off- oder Online-Mediums.
Teilbereiche werden definiert, um sie so zu einem gestalterisch prägnanten Ganzen zusammenzufassen.
Ein bewusst gestaltetes und angewandtes Design schließt den gesamten Auftritt eines Unternehmens nach innen und außen zu einer in sich einheitlichen Form mit ein, wobei die Kontinuität einen wesentlichen Faktor des Erscheinens darstellt.

| die grundelemente | schrift + text | 12

abcdefghijklmnopqrstuvwxyz
ABCDEFGHIJKLMNOPQRSTUVWXYZ
0123456789
äöü ÄÖÜ @ ; ? ! - – ( ) & = + / %

AkzidenzGroteskBQ-Light

abcdefghijklmnopqrstuvwxyz
ABCDEFGHIJKLMNOPQRSTUVWXYZ
0123456789
äöü ÄÖÜ @ ; ? ! - – ( ) & = + / %

AkzidenzGroteskBQ-Medium

Hausschrift
Bei der Hausschrift handeslt es sich um die Akzidenz Grotesk. Die Schrift ist zurückhaltend im Charakter und nicht so glatt geschliffen, wie andere, oftmals neuere, Groteskschriften. Bitte beachten Sie, dass es duzende von digitalisierten Versionen der Akzidenz Grotesk gibt. Für dieses Corporate Design wird immer die Akzidenz Grotesk von Berthold verwendet. Bitte nicht die BE-Varrianten verwenden! Sondern immer die Berthold BQs!

Verwendete Schriftschnitte
– AkzidenzGroteskBQ-Light
– AkzidenzGroteskBQ-Medium

Bezugsadresse Schweiz
Typos Type & Image Design
Erlachstrasse 26
CH 8026 Zürich 3
T +41 800 81 42 01 (Gratisrufnummer)
F +41 1 451 42 04

Bezugsadresse Weltweit
www.bertholdtypes.com

Geschichtliches
Um 1880 entwarf der deutsche Typograph Ferdinand Theinhardt (1820 – 1909) für die wissenschaftlichen Publikationen der «Königlich-Preussischen Akademie der Wissenschaften zu Berlin» die «Royal-Grotesk» in vier Schriftschnitten. Er machte damit die Grotesk in der Berliner Gesellschaft endgültig «salonfähig». 1908 übernahm die Hermann Berthold AG die Theinhardtsche Schriftgiesserei in Berlin und vertrieb nach dem Ende der Monarchie (1918) diese «Royal Grotesk» dann im Rahmen ihrer Schriftfamilie Akzidenz Grotesk unter der Schriftbezeichnung «Akzidenz-Grotesk mager»[1]. Diese Akzidenz-Grotesk-Schriftfamilie aus dem Hause H. Berthold gilt bis heute als «die Grotesk» schlechthin.

1 Die Berthold AG nennt offiziell das Jahr 1902 als das Erscheinungsdatum der Akzidenz-Grotesk mager, also der Royal Grotesk. Dies ist natürlich nicht ganz korrekt. Diese Behauptung ist sicherlich in Verbindung zu den Gerichtsverfahren mit der Linotype AG (Berthold Old Face / Linotype Helvetica) zu bewerten. Theinhard verkaufte nämlich seine Firma an die H. Berthold AG erst 1908, also ein Jahr vor seinem Tod. Im übrigen gründet die AG-Schriftfamilie auf den unterschiedlichsten Grotesk-Schriften des späten 19. Jahrhunderts. Unter der synchronisierten Bezeichnung Akzidenz Grotesk wurden sie erst ab 1921, dem 25-jährigen Bestehen der Aktiengesellschaft Berthold, vermarktet. Die «erste AG» wurde in den 70er Jahren von Berthold AG auf das Jahr 1896 datiert.

Quelle: http://www.typolexikon.de/g/grotesk.html

| die grundelemente | schrift + text | 13

20 x die Ziffer 1 11111111111111111111 korrigierte Breiten
20 x die Ziffer 0 00000000000000000000

AkzidenzGroteskBQ-Light

Ausgeglichene Ziffern
Die Ziffern sind für Mengentext optimiert. Es müssen also keine (!) unterschneidungen bei den Ziffern vorgenommen werden.

20 x die Ziffer 1 11111111111111111111
20 x die Ziffer 0 00000000000000000000

Akzidenz Grotesk BE Light

Ziffern bei der Akzidenz Grotesk BE
Die Ziffern sind nicht für Mengentext optimiert. Diese Schrift nicht verwenden!

Maiuskelziffern 0123456789 Hamburgefonts

AkzidenzGroteskBQ-Light

Immer Minuskelziffern
Getreu der ursprünglichen Groteskform werden immer Maiuskelziffern verwendet.

Minuskelziffern 0123456789 Hamburgefonts

Akzidenz Grotesk BE LightOsF

Nie Minuskelziffern
Bei der BE Akzidenzgrotesk gibt es Minuskelziffern. Diese Schrift nicht verwenden!

Verzogene Schriften Hamburgefonts Hamburgefonts

AkzidenzGroteskBQ-Light

Skallierung der Schrift
Es ist strikte verboten die Schrift unproportional zu skalliern.

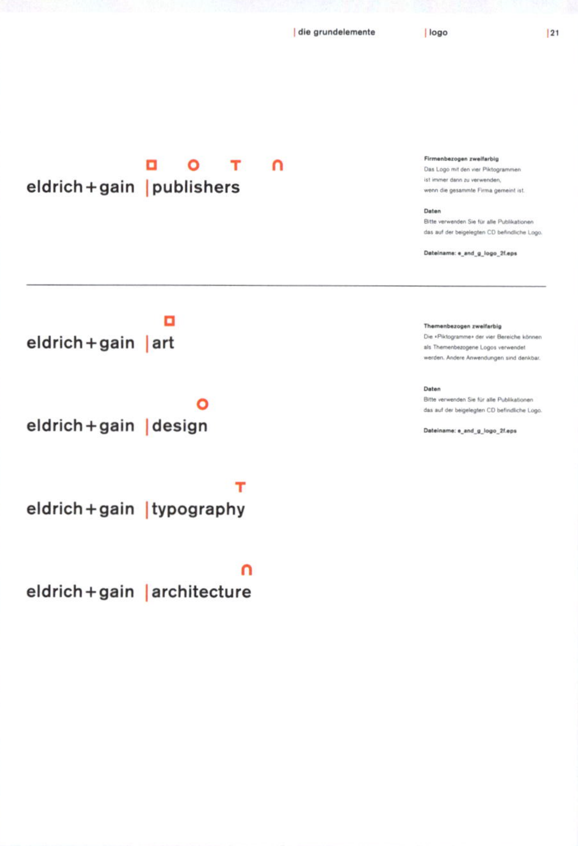

| die grundelemente | logo | 21

eldrich+gain | publishers

Firmenbezogen zweifarbig
Das Logo mit den vier Piktogrammen ist immer dann zu verwenden, wenn die gesammte Firma gemeint ist.

Daten
Bitte verwenden Sie für alle Publikationen das auf der beigelegten CD befindliche Logo.

Dateiname: e_and_g_logo_2f.eps

eldrich+gain | art

eldrich+gain | design

eldrich+gain | typography

eldrich+gain | architecture

Themenbezogen zweifarbig
Die «Piktogramme» der vier Bereiche können als Themenbezogene Logos verwendet werden. Andere Anwendungen sind denkbar.

Daten
Bitte verwenden Sie für alle Publikationen das auf der beigelegten CD befindliche Logo.

Dateiname: e_and_g_logo_2f.eps

| die grundelemente | logo | 24

eldrich+gain | publishers
eldrich+gain | publishers

Anwendung der Farben im Logo auf dunklem oder schwarzem Grund
Das Logo darf nur in der zweifarbigen Version und in der einfarbigen Version (wie abgebildet) reproduziert werden. Es ist nicht erlaubt, andere Versionen zu erarbeiten.

Auf farbigem Grund kommt immer die einfarbige (negative) Varriante zum Einsatz!

eldrich+gain | publishers
Falscher Farbkombination von Trennstrich und Piktogrammen. Entweder farbig oder Weiss.

eldrich+gain | publishers
Falscher Farbkombination von Trennstrich und Piktogrammen. Entweder farbig oder Weiss.

eldrich+gain | publishers
Wenn kein Rot zur verfügung steht nur weiss.

eldrich+gain | publishers
Nicht alles in Rot.

eldrich+gain | publishers
Keine fremden Farben im Logo verwenden.

eldrich+gain | publishers
Keine fremden Farben im Logo verwenden.

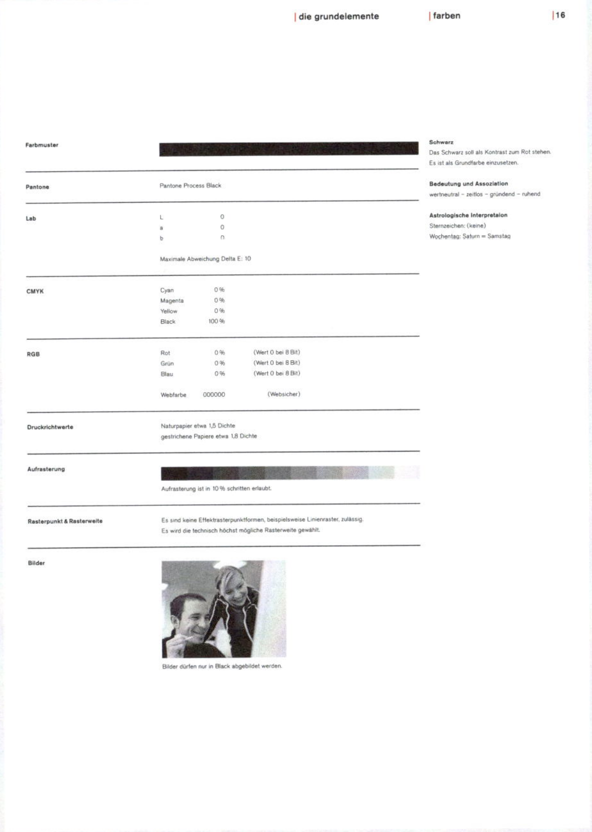
| die grundelemente | farben | 16

Farbmuster		
Pantone	Pantone Process Black	
Lab	L	0
	a	0
	b	0
	Maximale Abweichung Delta E: 10	
CMYK	Cyan	0 %
	Magenta	0 %
	Yellow	0 %
	Black	100 %
RGB	Rot	0 % (Wert 0 bei 8 Bit)
	Grün	0 % (Wert 0 bei 8 Bit)
	Blau	0 % (Wert 0 bei 8 Bit)
	Webfarbe	000000 (Websicher)
Druckrichtwerte	Naturpapier etwa 1,5 Dichte gestrichene Papiere etwa 1,8 Dichte	
Aufrasterung	Aufrasterung ist in 10 % schritten erlaubt.	
Rasterpunkt & Rasterweite	Es sind keine Effektrasterpunktformen, beispielsweise Linienraster, zulässig. Es wird die technisch höchst mögliche Rasterweite gewählt.	
Bilder	Bilder dürfen nur in Black abgebildet werden.	

Schwarz
Das Schwarz soll als Kontrast zum Rot stehen.
Es ist als Grundfarbe einzusetzen.

Bedeutung und Assoziation
wertneutral – zeitlos – gründend – ruhend

Astrologische Interpretaion
Sternzeichen: (keine)
Wochentag: Saturn = Samstag

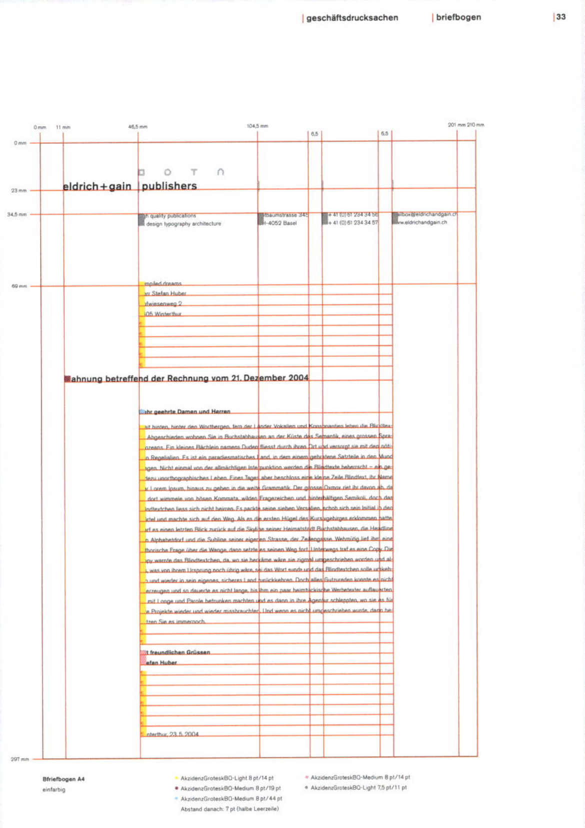
| geschäftsdrucksachen | briefbogen | 33

Bfriefbogen A4
einfarbig

- AkzidenzGroteskBQ-Light 8 pt/14 pt
- AkzidenzGroteskBQ-Medium 8 pt/19 pt
- AkzidenzGroteskBQ-Medium 8 pt/44 pt
  Abstand danach: 7 pt (halbe Leerzeile)
- AkzidenzGroteskBQ-Medium 8 pt/14 pt
- AkzidenzGroteskBQ-Light 7,5 pt/11 pt

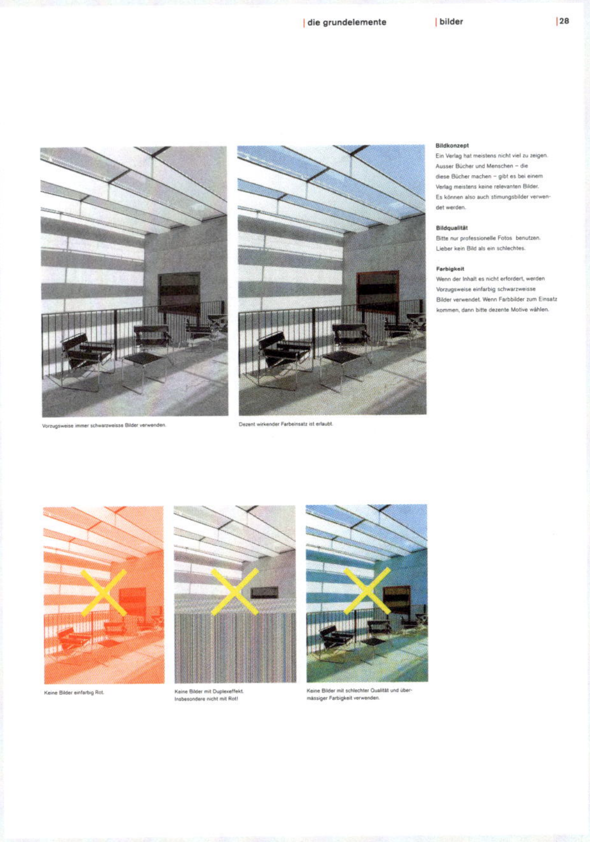
| die grundelemente | bilder | 28

Vorzugsweise immer schwarzweisse Bilder verwenden.

Dezent wirkender Farbeinsatz ist erlaubt.

Bildkonzept
Ein Verlag hat meistens nicht viel zu zeigen. Ausser Bücher und Menschen – die diese Bücher machen – gibt es bei einem Verlag meistens keine relevanten Bilder. Es können also auch stimungsbilder verwendet werden.

Bildqualität
Bitte nur professionelle Fotos benutzen. Lieber kein Bild als ein schlechtes.

Farbigkeit
Wenn der Inhalt es nicht erfordert, werden Vorzugsweise einfarbig schwarzweisse Bilder verwendet. Wenn Farbbilder zum Einsatz kommen, dann bitte dezente Motive wählen.

Keine Bilder einfarbig Rot.

Keine Bilder mit Duplexeffekt.
Insbesondere nicht mit Rot!

Keine Bilder mit schlechter Qualität und übermässiger Farbigkeit verwenden.

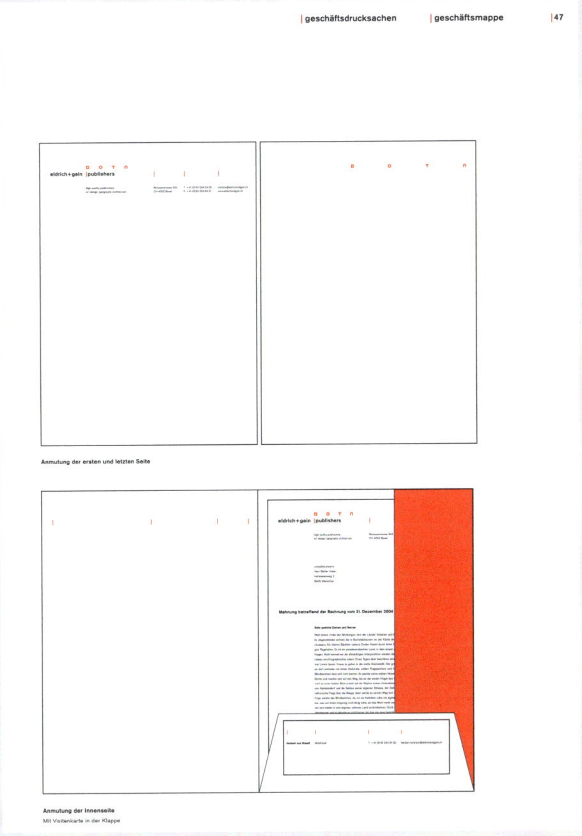
| geschäftsdrucksachen | geschäftsmappe | 47

Anmutung der ersten und letzten Seite

Anmutung der Innenseite
Mit Visitenkarte in der Klappe

Musterseiten eines CD-Manuals von Stefan Huber, Fachklasse «Typografischer Gestalter», Berufsschule für Gestaltung Zürich.

Ideenskizzen, Entwurf

Als erster Schritt bietet sich die Ideen- oder Schmierskizze an. In verkleinertem Format, aber in der Proportion richtig, wird mit Skizziertechnik die mögliche Darstellung der Publikation skizziert. Größere Schriftgrade werden in Strich-an-Strich-Technik skizziert. Hilfreich sind Bleistifte verschiedener Härtegrade, Filzstifte, Farbstifte und Temperafarben.

Aus den Ideenskizzen sollten die Stellung der Satzgruppen auf dem Format, die Randverhältnisse, die Gliederung der Texte, die Satzart und die Schriftabstufungen ersichtlich sein. Linien und Flächen können ebenfalls skizziert oder aus farbigem Papier ausgeschnitten werden.

Aus möglichst vielen verschiedenen Ideenskizzen wählt man die beste aus und entwickelt sie auf dem Originalformat weiter. Auf dem Entwurf in Originalgröße sollten nun auch die Satzbreite, die Schriftgröße und der Zeilenabstand erkennbar sein.

Der Entwurf wird nun gesetzt und auf der Laserprintausgabe im Detail beurteilt und verbessert.

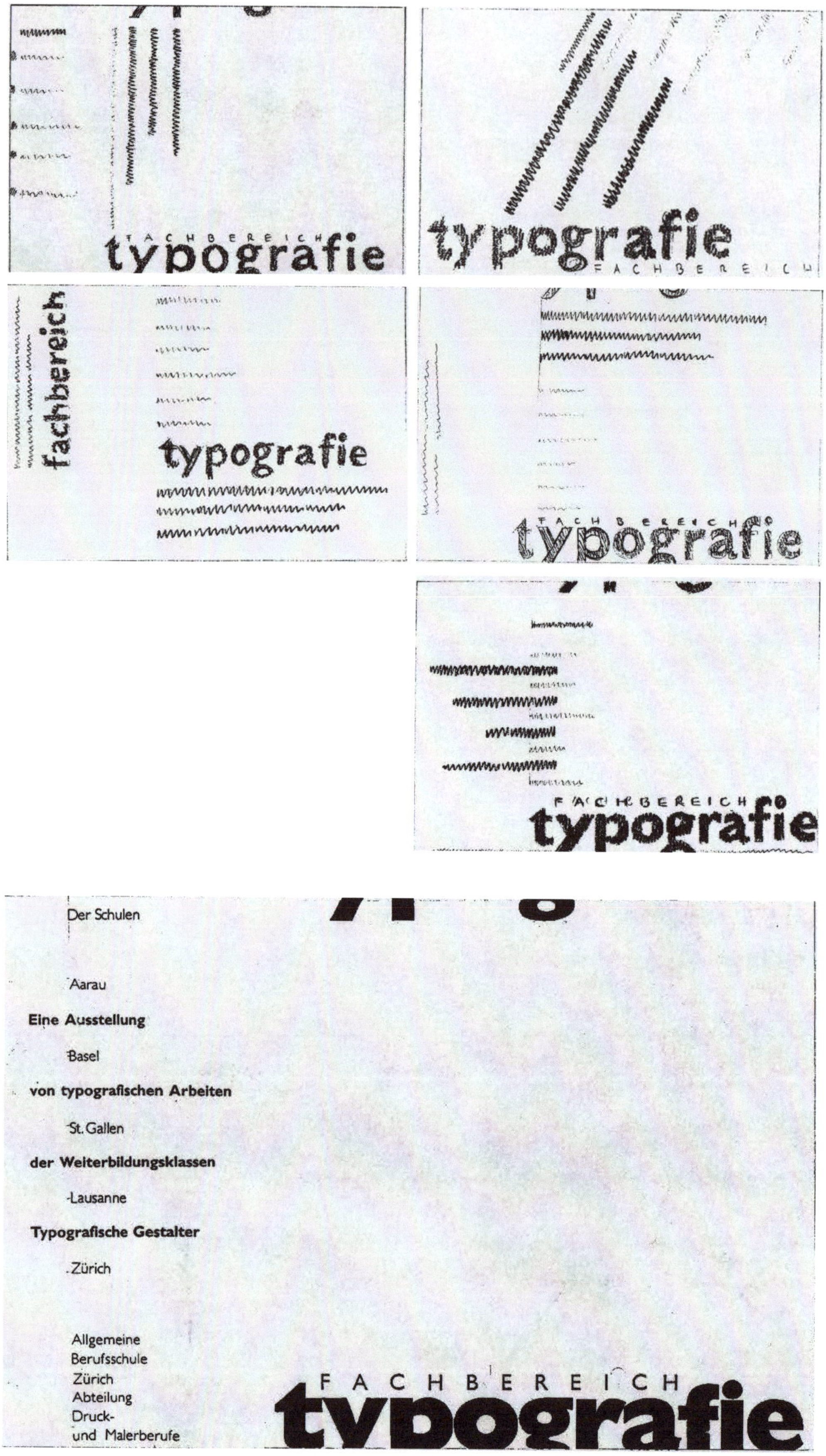

Die Skizzen entstanden im Kurs «Werkstatt Typo» von Christine Graber. Skizzen: Karin Fehlmann, Grafikerin, 2. Lehrjahr.

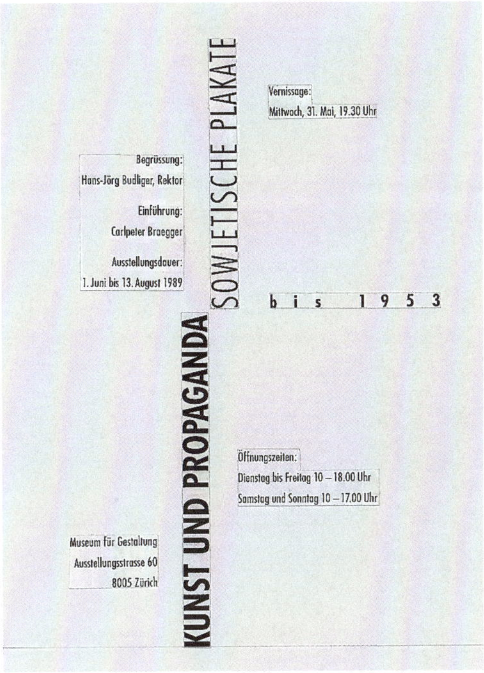

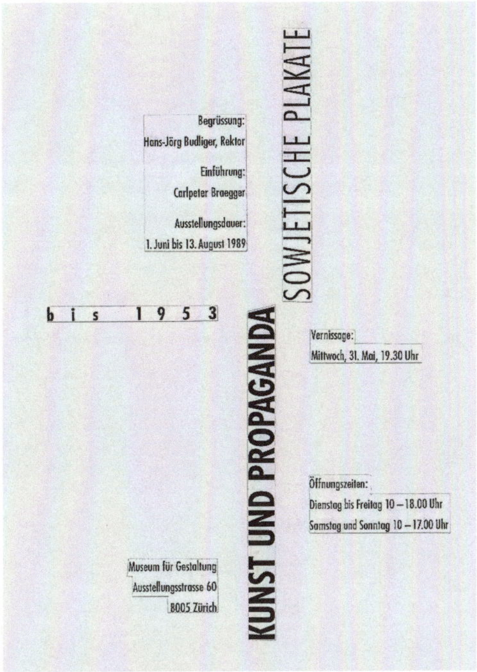

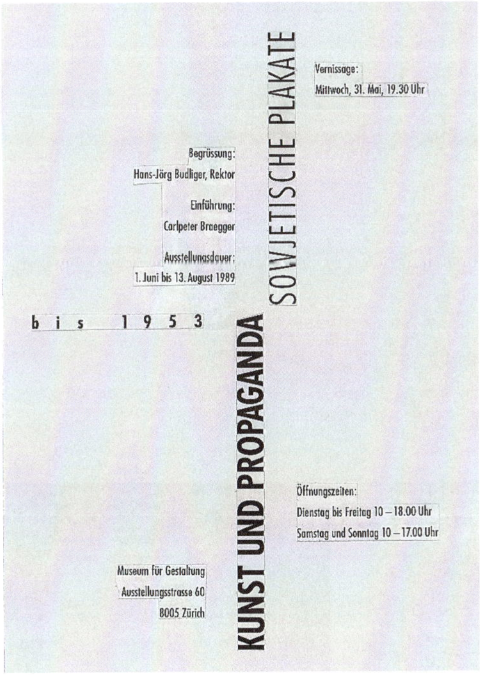

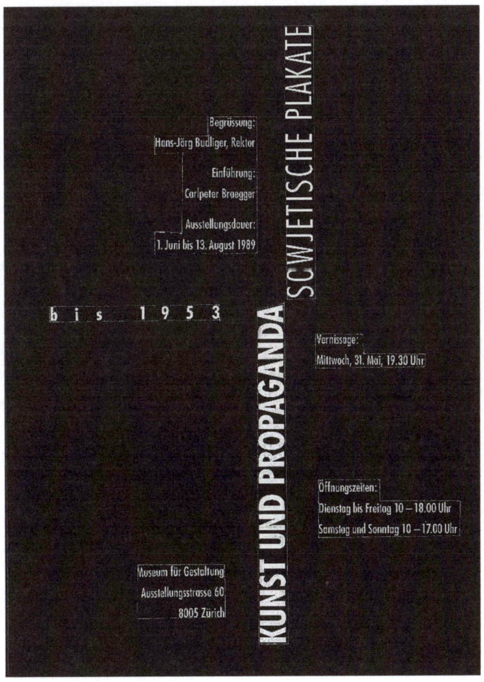

Die Entwürfe sind Lehrlingsarbeiten von Ralph Gassmann, 3. Lehrjahr, gdz AG Zürich.

Klebeentwurf

Für bestimmte Drucksachen eignet sich der Klebeentwurf auch heute noch, anstatt alles auf dem Bildschirm herumzuschieben und dafür teure Computerstunden einzusetzen. Anstatt die Zeilen zu skizzieren, kann man die Zeilen auch absetzen, ausdrucken und aus dem Laserprint ausschneiden. Die Zeilen können beliebig auf dem Format verschoben werden, bis die Lösung befriedigt. Nun werden die Textteile aufgeklebt. Dieser Entwurf wird anschließend standrichtig abgesetzt und auf der Laserprintausgabe im Detail beurteilt und verbessert. Es sollten verschiedene Möglichkeiten ausgedruckt und miteinander verglichen werden. Nur so kann die beste Lösung ausgewählt werden.

Präsentationsentwurf
Wird der Entwurf dem Kunden vorgelegt, muss klar zu erkennen sein, wie die fertige Drucksache aussehen wird. Heute werden Präsentationsentwürfe dank moderner und kostengünstiger Technik mehrheitlich in Form von farbigen Laser- oder Tintenstrahldrucken hergestellt, mit denen der endgültige Offset-Druck praktisch eins zu eins simuliert werden kann. Die früheren Techniken mit skizzierten Schriften und mit Hilfe farbiger Papiere für das Darstellen von Flächen für die Endfassung der Drucksache entfallen somit meist.

Entwurf Marco Ganz.

Einladungskarte und Plakat.

Mit Farbpapier oder verschiedenen Filzstiften können Farbflächen dargestellt werden. Die Bilder können aus bestehenden Drucksachen ausgeschnitten werden.

Titelblatt «TM», 1|1996.

Satzspiegel

Zur Planung einer mehrseitigen Satzarbeit gehört die Konstruktion eines Satzspiegels. Es ist zu berücksichtigen, dass jede umfangreiche Drucksache eine Symmetrieachse hat (Ausnahme: Faltprospekte). Man muss sich deshalb entscheiden, ob man eine symmetrische oder asymmetrische Lösung bevorzugt. Für die Bestimmung der Randverhältnisse und der Breite der Papierränder sind die Art und der Umfang einer Publikation maßgebend. Bei Arbeiten mit vielen Bildern kann ein typografischer Raster hilfreich sein.

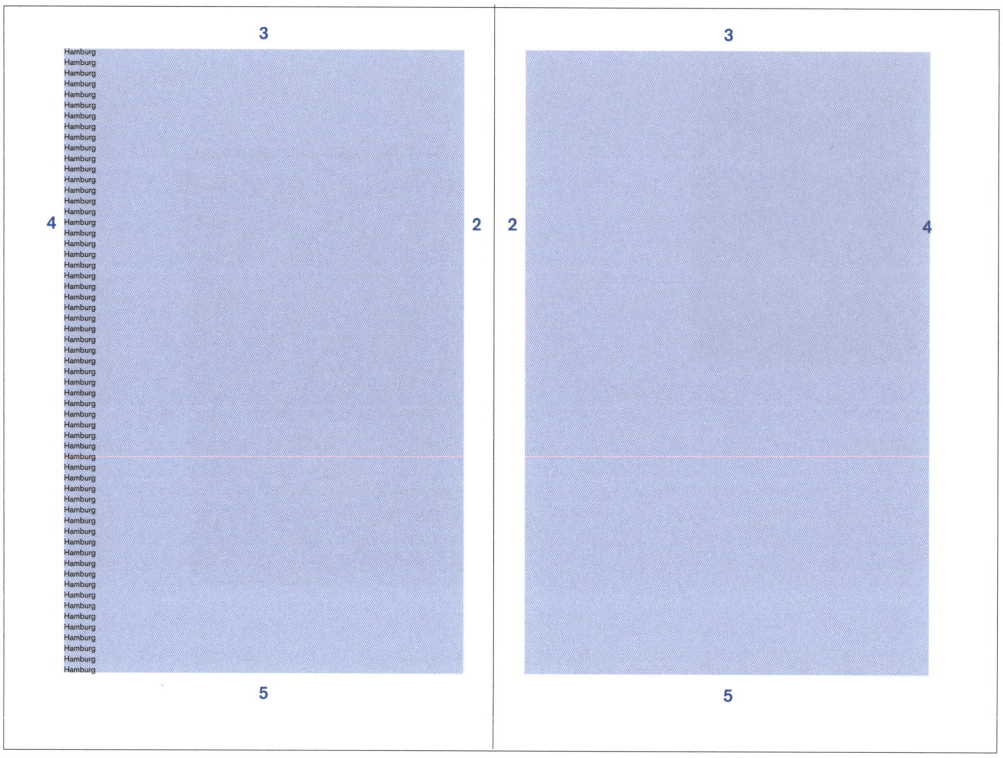

Symmetrischer Satzspiegel mit den Randverhältnissen 2:3:4:5, Satzspiegel auf Zeilenregister.

Asymmetrischer Satzspiegel mit den Randverhältnissen 2:3:4:5 (rechte Seite), 4:3:2:5 (linke Seite, Beginn immer im Bund); Satzspiegel auf Zeilenregister, Rasterfelder annähernd quadratisch, Zwischenraum eine Blindzeile.

Layoutskizze

Um sich einen Überblick über den Ablauf eines Umbruchs zu verschaffen, kann eine Layoutskizze angefertigt werden. Aus der Layoutskizze sollte ein Konzept ersichtlich sein, zum Beispiel, wie die Bilder platziert werden sollen oder welche Spalten mit Text gefüllt werden und welche den Marginalien oder Bildern vorbehalten sind.

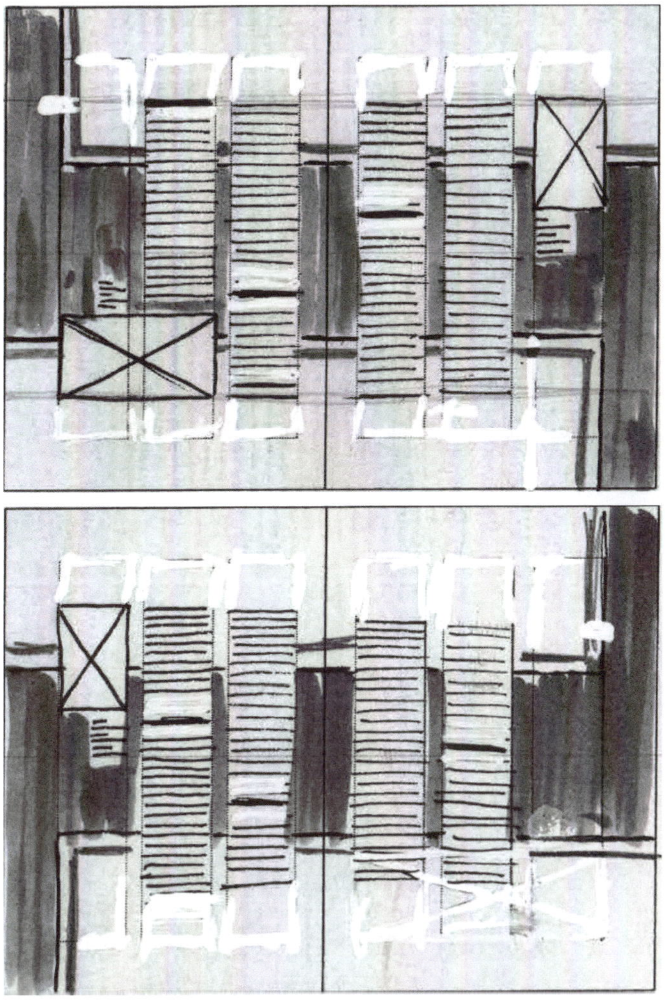

Layoutskizze einer Abschlussarbeit für Typografen von Raul Serrat.

Mit ausgeschnittenen Flächen und skizzierten Bildinhalten wird die gewünschte Darstellung der fertigen Doppelseite vom Kunden an den Polygrafen/Mediengestalter weitergegeben. Auch dieses skizzenhafte Layout sagt mehr über die gewünschte Darstellung aus als viele Worte.

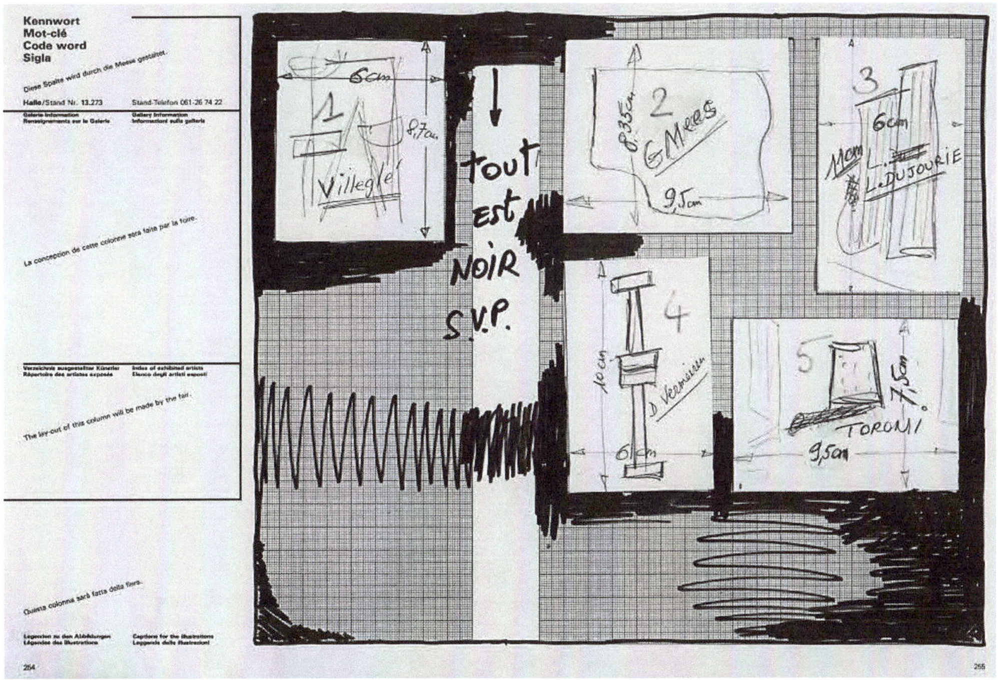

Layoutskizze eines Galeristen auf einer vorgedruckten A3-Doppelseite für den Katalog der «Art». Aus «Typografische Monatsblätter», 6/1987, von Romano Hänni.

Umbruchmaquette

Bei umfangreichen Arbeiten mit vielen Bildern wird der Text in Spalten gesetzt. Die bereinigten Spaltenabzüge werden ausgeschnitten und mit Klebstoff beschichtet. Auf Layoutbogen mit vorgedrucktem Satzspiegel, Spalten und Zeilenregister wird der Text sodann umbrochen. Der Raum für Bilder, Tabellen und Grafiken kann freigelassen und entsprechend bezeichnet werden. Legenden und Fußnoten können ausgeschnitten oder skizziert werden.

Der eigentliche Umbruch erfolgt am Bildschirm in einem entsprechenden Layoutprogramm.

Die gezeigten Doppelseiten sind Prüfungsarbeiten der Abschlussprüfung 1996 für Typografen von Kathleen Morf.

Satzanweisung

Allgemeines

Auftraggeber	Sachbearbeiter	Telefon bei Rückfragen
Auftragsnummer	Titel des Werkes/der Arbeit	Art der Arbeit
Auflage	Umfang	Papier
Druckverfahren	Druckformat	Bindeart
Text	ab Datenträger	ab Manuskript
Bilder	ab Datenträger	als Vorlagen

Papierformat und Satzspiegel

Papierformat beschnitten		
Satzspiegelbreite (in mm, Pica, Cicero)	einseitig symmetrisch	doppelseitig asymmetrisch
Ränder (in mm, Pica, Cicero)	oben links/innen (Bund)	unten rechts/außen
Anzahl Spalten	Spaltenbreite	Spaltenabstand
Kapitelanfang	links/rechts	Vorschlag mm/Zeilen
Paginierung	arabisch/römisch	Präfix

Satzart und Schriften

Satzbreite (mm, Point, Punkt)	Satzart	Trennmodus
Schriftart	Schriftgrad (mm, Point, Punkt)	Zeilenschaltung (mm, Point, Punkt)
– Grundschrift		
– Absätze	mit/ohne Einzug	mit/ohne Blindzeile
– Einzüge	Millimeter	Geviert
– Auszeichnung im Text		
– Kapiteltitel		
– Titel	Abstand zum Text oben/unten	
– Untertitel	Abstand zum Text oben/unten	
– Kolumnentitel	linke/rechte Seite	
– Bildlegenden	Abstand zum Bild	
– Fußnoten	Abstand zum Grundtext	Ziffer oder Stern
– Marginalien		
– Anhang		
Anführungszeichen (« »/» «/‹ ›/“ ”/„ “/” ”)		
Gedankenstriche (–/—)		
Ziffern	Versalziffern	Mediäval-Ziffern
Raum nach Abkürzungspunkt		
Raum bei Auslassungspunkten		
Sonderzeichen		
Linien		

Rechtschreibung

Nach Duden (neue Regeln)	nach Manuskript	ss oder ß

Abzüge

Fahnenabzüge	Umbruchabzüge	Farbverbindliche Proofs

Satzanweisung

Vorgedruckte Satzanweisungen haben den Vorteil, dass keine Angaben für die Satzherstellung vergessen werden. Für den Werksatz braucht es umfangreichere Satzanweisungen, die vom Buchhersteller ausgearbeitet werden. Für den Zeitschriften- und Akzidenzbereich genügen einfachere Modelle.
Die nebenstehende Übersicht über die wichtigsten Punkte der Satzanweisung ist nicht ein Vordruck für den praktischen Gebrauch, sie hat den Sinn einer Gedächtnisstütze, damit beim Vorbereiten eines Manuskripts nichts vergessen wird.
Der Satzanweisung kann auch ein Schlüssel für die Farben und Zeichen, welche beim Anschreiben des Manuskripts angewendet worden sind, beigelegt werden.
Als Vorlage für die Herstellung von Format- oder Stilvorlagen* kann sie genauso dienen, denn viele der aufgeführten Punkte können darin integriert werden.

*Siehe Seite 58ff.

Symbole

Es gibt keine allgemein gültigen Normen für das Anschreiben eines Manuskripts oder einer Maquette. Die nebenstehenden Vorschläge haben sich aber in der Praxis durchgesetzt und bewährt.
Alle Angaben auf einem Manuskript sollen eindeutig und klar sein. Handschriftliche Eintragungen müssen deutlich geschrieben werden. Die Angaben auf dem Manuskript sind mit Bleistift oder mit Farbstift anzubringen, damit sie nötigenfalls wieder korrigiert werden können. Manchmal ist es notwendig, das Manuskript in einzelne Teile zu zerschneiden und auf einem Blatt neu zu gruppieren.
In diesem Fall wird zuerst eine Fotokopie erstellt (gelieferte Dateien werden nochmals ausgedruckt), welche man zerschneidet, so kann bei Unklarheiten wieder auf das Original zurückgegriffen werden.

*Koordinaten siehe Seiten 38 f.

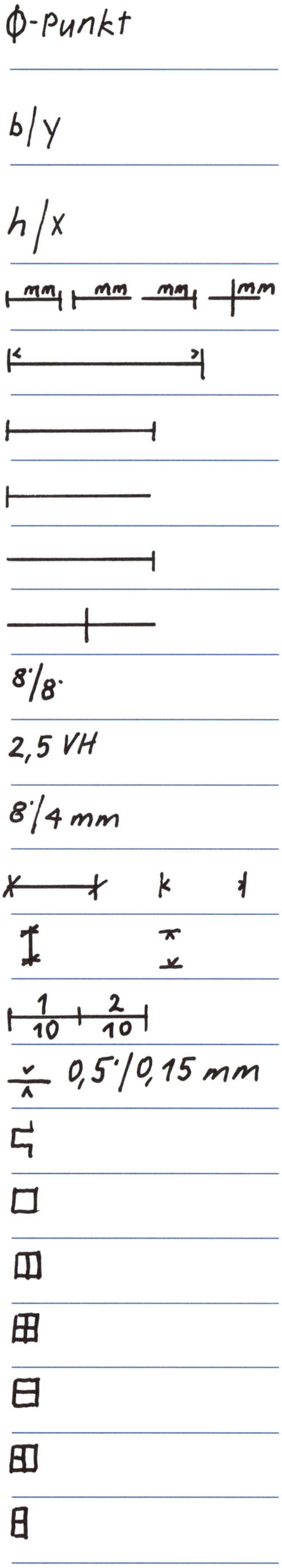

Nullpunkt

Höhenposition = Bezugspunkt für die Schriftlinie oder die Linienunterkante*

Breitenposition = Bezugspunkt für den Zeilenanfang oder die linke Linienkante*

Satzbreite, Satzart

Linienlänge

Blocksatz

Flattersatz linksbündig

Flattersatz rechtsbündig

Zentrierter Satz

Schriftgrad, Zeilenabstand in Punkt

Schriftgrad, Versalhöhe in mm

Schriftgrad in Punkt, Zeilenabstand in Millimeter

Linienabstand senkrechte Linien

Linienabstand waagrechte Linien

Spaltendefinition einer Tabelle

Linienstärke in Punkt oder Millimeter

Einzug

Geviert

Halbgeviert

Viertelgeviert

Geviertstrich

Halbgeviertstrich

Viertelgeviertstrich oder Divis

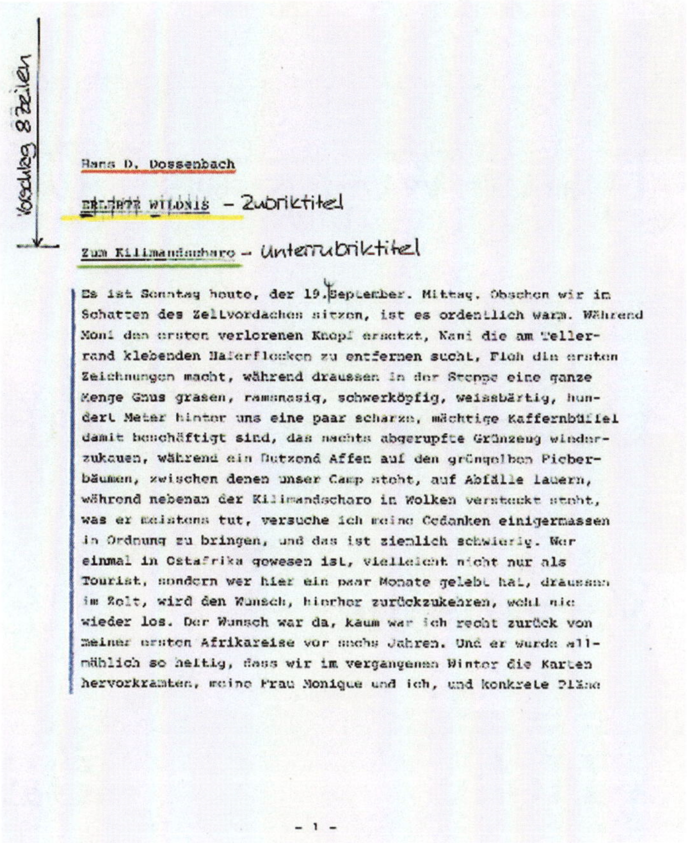

Vorschlag 8 Zeilen

Hans D. Dossenbach

WILDNIS – Zubriktitel

Zum Kilimandscharo – Unterrubriktitel

Es ist Sonntag heute, der 19. September. Mittag. Obschon wir im Schatten des Zeltvordaches sitzen, ist es ordentlich warm. Während Moni den ersten verlorenen Knopf ersetzt, Kani die am Tellerrand klebenden Haferflocken zu entfernen sucht, Fich die ersten Zeichnungen macht, während draussen in der Steppe eine ganze Menge Gnus grasen, ramsnasig, schwerköpfig, weissbärtig, hundert Meter hinter uns eine paar schwarze, mächtige Kaffernbüffel damit beschäftigt sind, das nachts abgerupfte Grünzeug wiederzukauen, während ein Dutzend Affen auf den grüngelben Fieberbäumen, zwischen denen unser Camp steht, auf Abfälle lauern, während nebenan der Kilimandscharo in Wolken versteckt steht, was er meistens tut, versuche ich meine Gedanken einigermassen in Ordnung zu bringen, und das ist ziemlich schwierig. Wer einmal in Ostafrika gewesen ist, vielleicht nicht nur als Tourist, sondern wer hier ein paar Monate gelebt hat, draussen im Zelt, wird den Wunsch, hierher zurückzukehren, wohl nie wieder los. Der Wunsch war da, kaum war ich recht zurück von meiner ersten Afrikareise vor sechs Jahren. Und er wurde allmählich so heftig, dass wir im vergangenen Winter die Karten hervorkramten, meine Frau Monique und ich, und konkrete Pläne

- 1 -

Überschriften und Auszeichnungen

(rot)	Kursiv	Rot
(grün)	Halbfett	Grün
(blau)	Fett	Blau
(schwarz)	Versalien	Schwarz
(gelb)	Kapitälchen	Gelb

Schriftgrößen

(violett)	6 Punkt	Violett
(grün)	8 Punkt	Grün
(rot)	9 Punkt	Rot
(blau)	10 Punkt	Blau
(schwarz)	12 Punkt	Schwarz

Die Farben sind nicht verbindlich.

Schriftgrößen

Werden bei einer umfangreichen Publikation viele verschiedene Schriftgrade in den Grundschriftgrößen angewendet, können sie am linken Papierrand mit Farbe markiert werden. Vor das erste Blatt oder auf das erste Blatt des Manuskripts gehört ein Schlüssel mit den entsprechenden Erklärungen. Größere Grade werden mit den entsprechenden Schriftgraden angeschrieben.

Überschriften und Auszeichnungen

Überschriften und Auszeichnungen im Text werden mittels Farben gekennzeichnet. Auch diese Auszeichnungen müssen auf einer Satzanweisung oder auf dem ersten Blatt des Manuskripts aufgeschlüsselt sein.

Bei einer komplexen Arbeit kann es durchaus sinnvoll sein, diese Farbangaben aus dem Manuskript auf den entsprechenden Seiten in der Maquette – sofern vorhanden – anzugeben.

Koordinaten

Zur Festlegung einer Position ist sowohl eine Höhen- als auch eine Breitenangabe erforderlich.
Im Normalfall bezeichnet man alle Punkte, die auf einer gedachten horizontalen Linie liegen, als X-Koordinaten und alle Punkte, die auf einer gedachten senkrechten Linie liegen, als Y-Koordinaten. Die Stelle, an der sich die beiden Geraden schneiden, bezeichnet man als Koordinationspunkt. Der Ausgangspunkt (Nullpunkt) liegt vorzugsweise in der linken oberen Ecke des Formats.

Für die genaue Positionsangabe von Zeilen und Linien sind eindeutig definierte Bezugspunkte unerlässlich. Für Schriften eignet sich die Schriftlinie am besten, weil sie sicht- und messbar ist.
Die Position eines Textrahmens eignet sich weniger, weil sich je nach Wahl der vertikalen Ausrichtung im Textrahmen und des Minimums der ersten Grundlinie der Stand der Schrift im Textrahmen verändert. Außerdem ist die Schriftlinie (Grundlinie) für den Start des Zeilenregisters* maßgebend, egal, welchen Modus man für die Ausrichtung im Textrahmen wählt.

*Siehe Seiten 47 und 60.

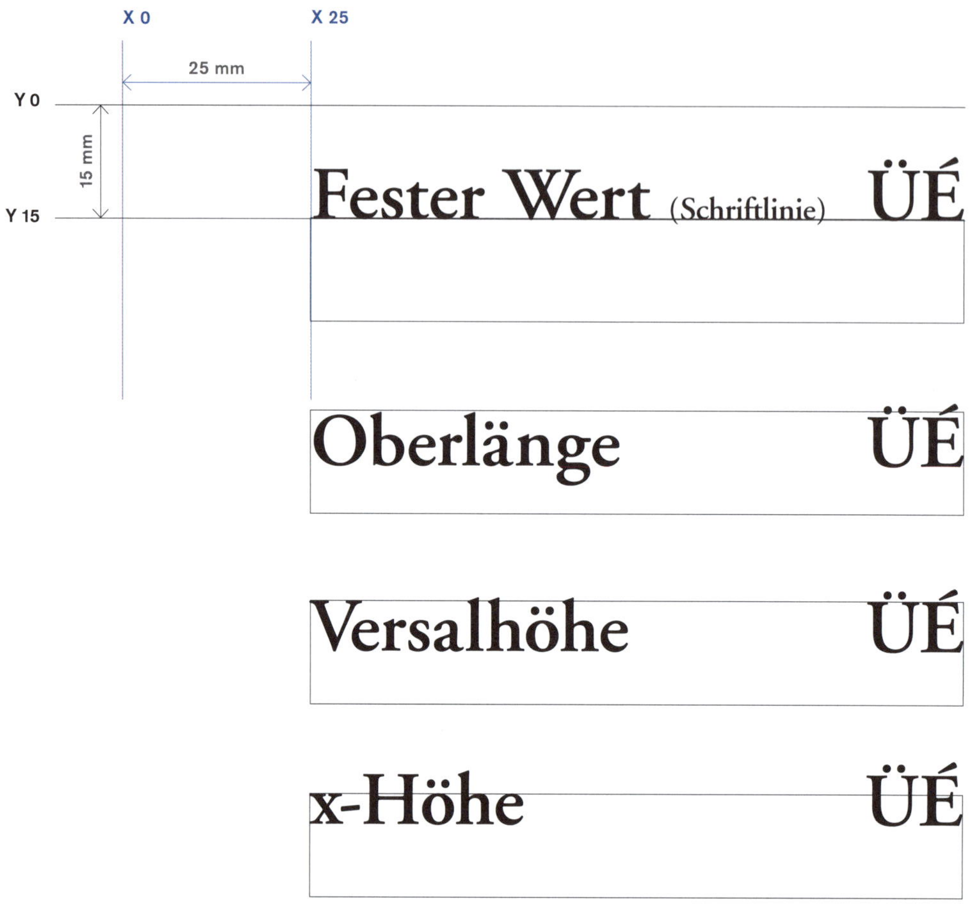

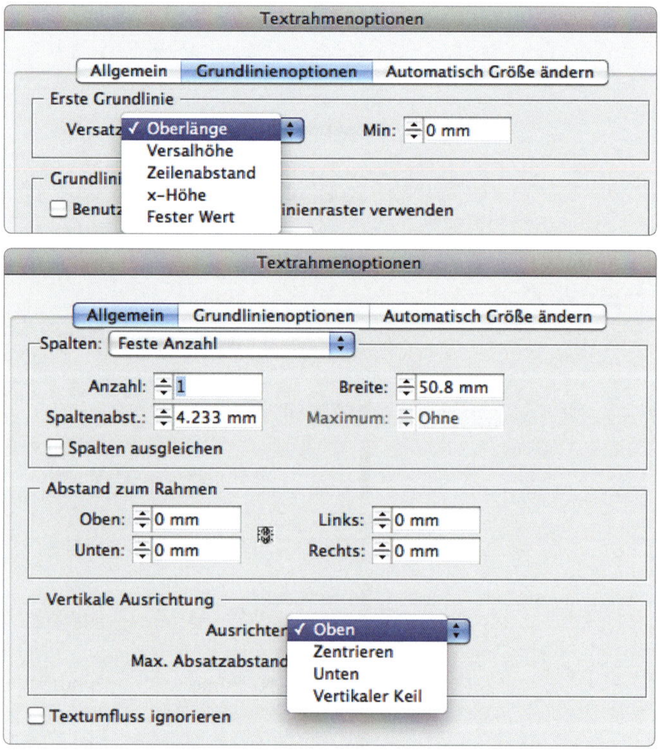

Ausrichtung des Textes im Textrahmen unter «Objekt → Textrahmenoptionen»: ⌘B, oder das Kontextmenü eines Textrahmens.

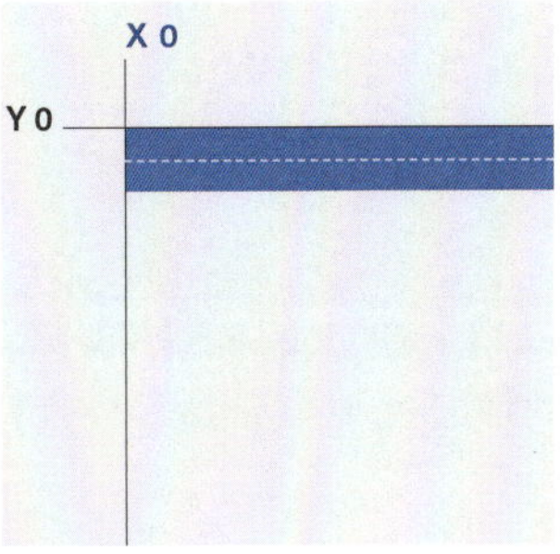

Bezugspunkt
für eine waagrechte Linie.

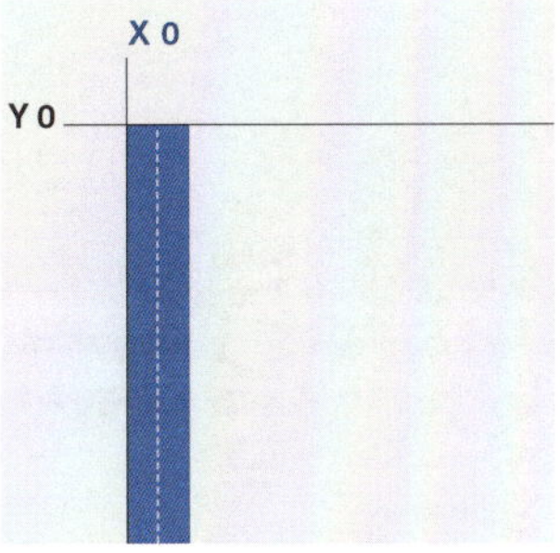

Bezugspunkt
für eine senkrechte Linie.

❶ Der Linienanschluss des Rahmens beginnt am Nullpunkt.

❷ Der Nullpunkt verschiebt sich um die Linienstärke nach außen.

❸ Der Nullpunkt verschiebt sich um die halbe Linienstärke nach außen.

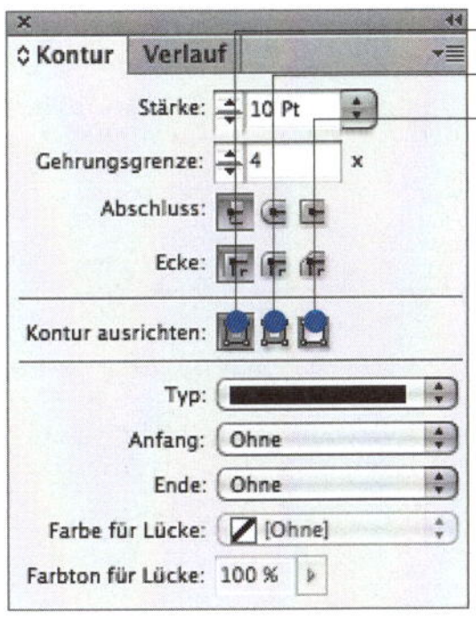

❸ Kontur mittig ausrichten.
❶ Kontur innen ausrichten.
❷ Kontur außen ausrichten.

❹

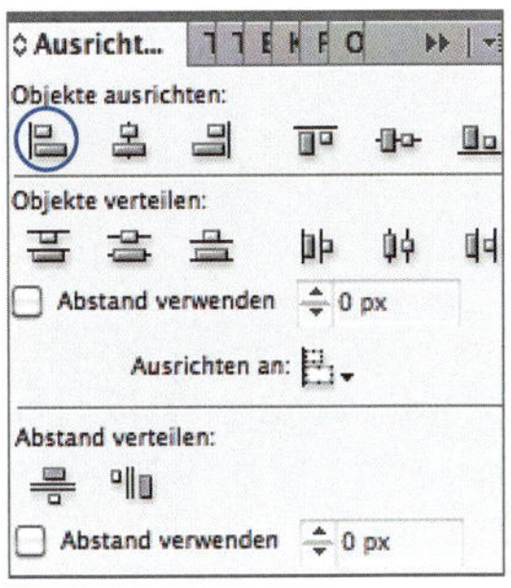

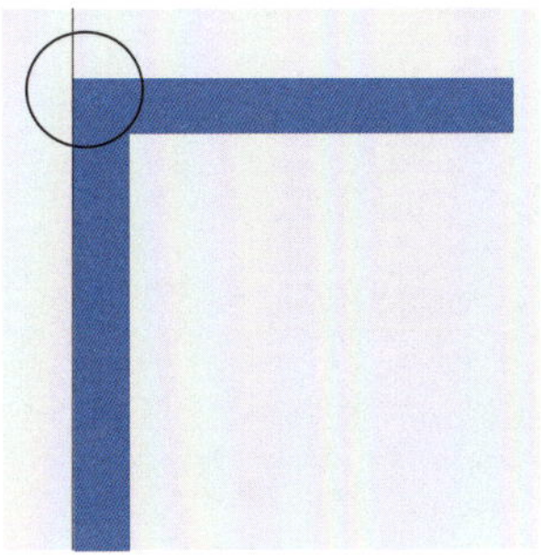

Ausrichtung der Linien und Rahmenkontur

Die Linienstärken werden in den meisten DTP-Programmen immer von der Mitte aus gemessen, also von der Mitte einer Linie bis zur Mitte der nächsten Linie.

Bei Linien ist zu berücksichtigen, welche Linienstärke sie haben und welcher Art die Richtung ist, in der sie sich aufbauen.

Je nach Satzprogramm gibt es verschiedene Möglichkeiten, Linien zu positionieren: bei waagrechten Linien die Oberkante, die Linienmitte sowie die Unterkante; bei senkrechten Linien die linke Kante, die Linienmitte oder die rechte Kante.*

Bei Bildrahmen ist darauf zu achten, dass je nach Einstellung der Kontur der Ausschnitt verändert wird.

*Siehe Band 1, «Typografische Grundlagen», Seite 39 ff.

Objekte ausrichten oder verteilen

Werden einzelne Linien optisch aneinander ausgerichtet, können ungenaue Linienanschlüsse entstehen. Im Ausrichten-Bedienfeld ❹ können sie, unabhängig von ihrer Stärke, nach Belieben per Mausklick aneinander ausgerichtet werden.

Es können auch mehrere Objekte ausgerichtet oder mit einem definierten Abstand zueinander verteilt werden.

Generell besteht die Möglichkeit der vertikalen und der horizontalen Ausrichtung, wobei der Bezugspunkt frei gewählt werden kann.

Arbeitsskizze

Eine Kopie des Entwurfs oder der Klebemaquette kann mit den nötigen Angaben für die Satzherstellung versehen werden. Es genügt auch eine einfache Skizze zur Verdeutlichung der Positionen, der Platzierung der Satzgruppen, der Linien, Flächen und Bilder.

Angaben zur Schrift, wie Schriftart, Schriftgröße und Zeilenschaltung, können mit Farben markiert werden. Satzart, Einzüge usw. können mit Symbolen angegeben werden.

Der Startpunkt für die Koordinaten sollte sich in der linken oberen Ecke des Formats befinden. Alle Positionen, bei denen sich eine gedachte Horizontale (X) und eine Vertikale (Y) schneiden, sind Koordinationspunkte (Angaben in mm).

Für Schriftzeilen sollte die Schriftlinie als Koordinationspunkt gewählt werden.*

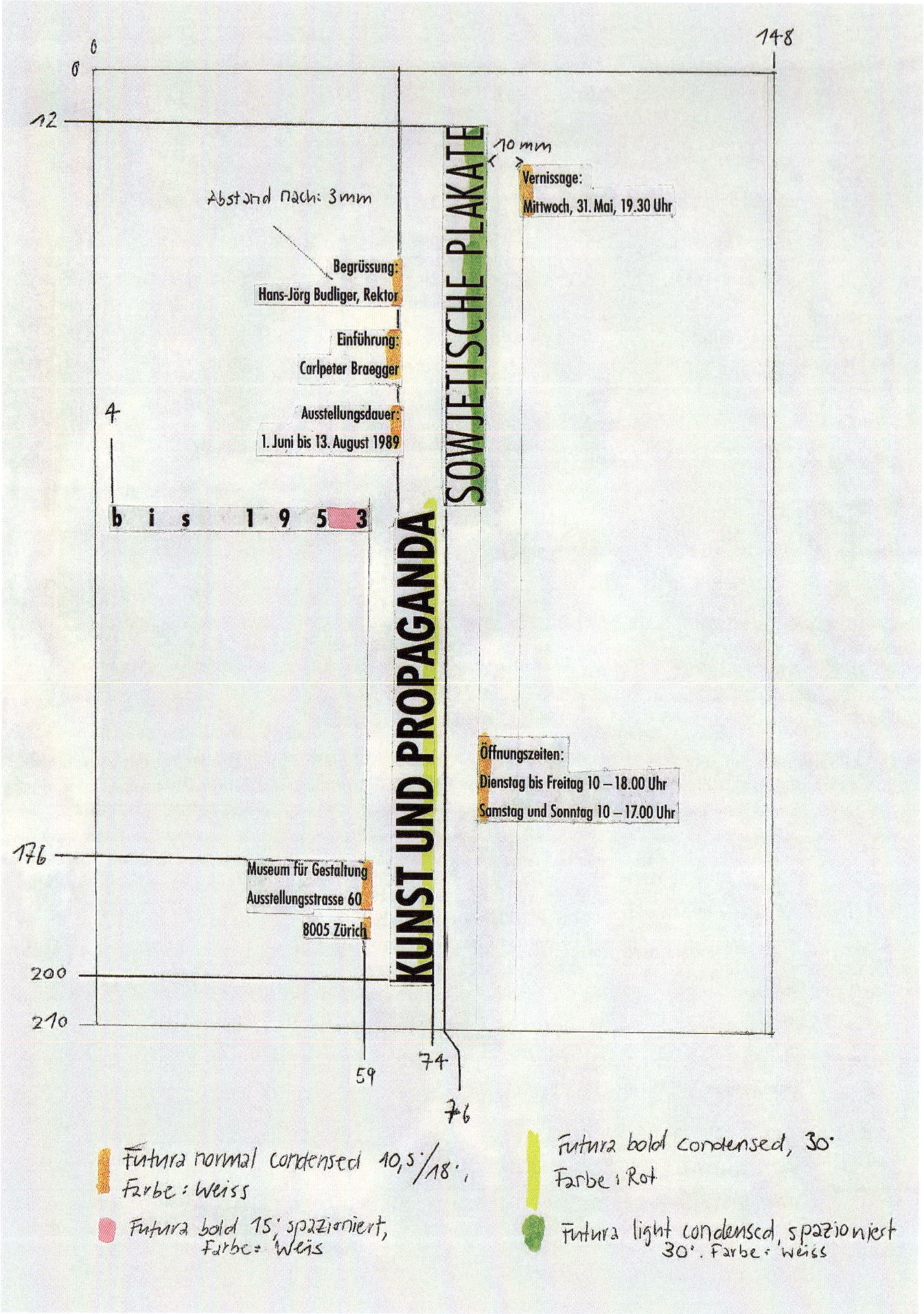

*Siehe Seite 38.

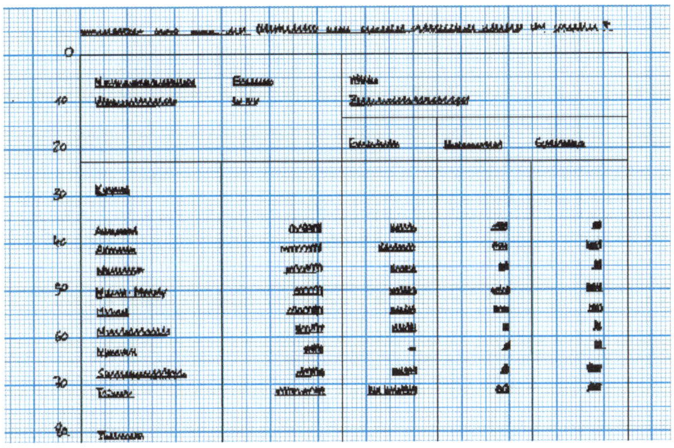

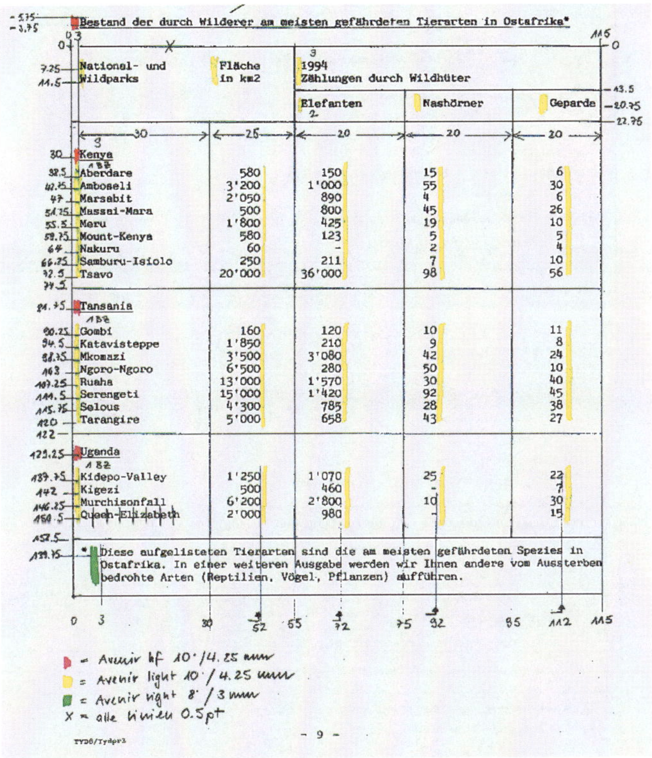

Bestand der durch Wilderer am meisten gefährdeten Tierarten in Ostafrika*

National- und Wildparks	Fläche in km2	1994 Zählungen durch Wildhüter		
		Elefanten	Nashörner	Geparde
Kenya				
Aberdare	580	150	15	6
Amboseli	3'200	1'000	55	30
Marsabit	2'050	890	4	6
Massai-Mara	500	800	45	26
Meru	1'800	425	19	10
Mount-Kenya	580	123	5	5
Nakuru	60	-	2	4
Samburu-Isiolo	250	211	7	10
Tsavo	20'000	36'000	98	56
Tansania				
Gombi	160	120	10	11
Katavisteppe	1'850	210	9	8
Mkomazi	3'500	3'080	42	24
Ngoro-Ngoro	6'500	280	50	10
Ruaha	13'000	1'570	30	40
Serengeti	15'000	1'420	92	45
Selous	4'300	785	28	38
Tarangire	5'000	658	43	27
Uganda				
Kidepo-Valley	1'250	1'070	25	22
Kigezi	500	460	-	7
Murchisonfall	6'200	2'800	10	30
Queen-Elizabeth	2'000	980	-	15

* Diese aufgelisteten Tierarten sind die am meisten gefährdeten Spezies in Ostafrika. In einer weiteren Ausgabe werden wir Ihnen andere vom Aussterben bedrohte Arten (Reptilien, Vögel, Pflanzen) aufführen.

= Avenir hf 10'/4.25 mm
= Avenir light 10'/4.25 mm
= Avenir light 8'/3 mm
X = alle Linien 0.5pt

- 9 -

Die Tabellenskizze und die angeschriebene Tabelle sind Prüfungsarbeiten der Abschlussprüfung 1996 für Typografen von Caroline Seibt.

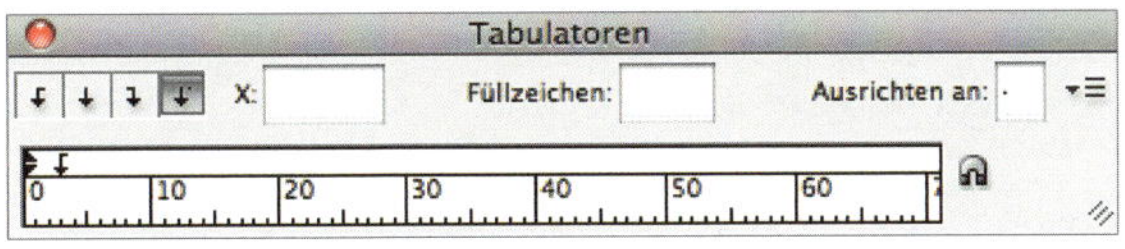

«Schrift → Tabulatoren»: ⇧⌘T.

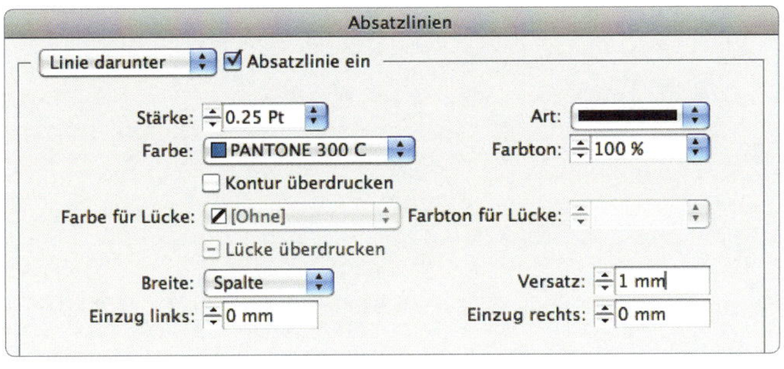

Mit «Absatzlinien»: ⌥⌘J können der Abstand der Linie zur Schriftlinie sowie die verschiedenen Linieneigenschaften festgelegt werden.

Die Verwendung von mitlaufenden Linien eignet sich vor allem für einfachere Tabellen.

Tabellenskizze

Mit den heute in den meisten Layoutprogrammen verfügbaren Tabelleneditoren kann bei einfacheren Tabellen sicher auf die traditionelle Avor verzichtet werden. Muss aber eine aufwändige Tabelle neu entwickelt werden, sind die folgenden Anweisungen vorzuziehen:
Für Tabellen oder tabellarische Darstellungen empfiehlt sich eine Skizze auf Millimeterpapier. Die Skizze enthält alle notwendigen Daten, die ein routinierter Polygraf benötigt, um daraus ohne weitere Rechenarbeit die erforderlichen Satzbefehle abzuleiten.
Eine genaue Skizze entfällt, wenn alle Satzdaten übersichtlich auf dem Manuskript untergebracht werden können. Für den Setzer ist die übersichtliche Anordnung aller Angaben zum Satz auf dem Manuskript am günstigsten, weil er sich auf das Manuskript konzentrieren kann und nicht gleichzeitig die Angaben auf der Skizze beachten muss.
Die Positionsangaben sind auch für das Setzen der Tabulatoren im DTP hilfreich*, ebenso die Überlegung, ob die Kolonne linksbündig, eingemittet oder rechtsbündig positioniert werden soll. Es ist auch möglich, die Kolonnen auf einen Dezimaltrenner wie Punkt, Komma oder ein anderes Zeichen auszurichten.
Der Abstand vom Text zur Linie kann bei den Absatzlinien** definiert werden. So ist garantiert, dass alle mitlaufenden Linien den gleichen Abstand zur Schriftlinie aufweisen.

*Tabellen siehe Seite 77.
**Absatzlinien siehe Seite 63.

InDesign-Voreinstellungen

Diese lassen sich im **Menü → InDesign → Voreinstellungen:** ⌘ **K** einrichten. Einstellungen, welche standardmäßig angewendet werden, das heißt für alle nachfolgend zu erstellenden Dokumente Gültigkeit haben sollen, müssen geändert werden, wenn alle Dokumente geschlossen sind. Voreinstellungen, welche nur für ein bestimmtes Dokument angewendet werden sollen, müssen im entsprechenden Dokument vorgenommen werden, das heißt, das Dokument muss geöffnet sein. Die entsprechenden Einstellungen werden so nur in diesem Dokument abgelegt. Die Voreinstellungen können nicht gesichert werden. Nach dem Schließen des Programms werden sie jedoch automatisch in die InDesign-Präferenzen geschrieben. Die in den Fenstern gezeigten Einstellungen sind Empfehlungen der Autoren und haben sich in der Praxis bewährt.

Allgemein

❶ **Auf Inhalt anwenden** in jedem Fall die Option aktivieren, damit nach einer Skalierung des Textrahmens der Schriftgrad korrekt angezeigt wird.

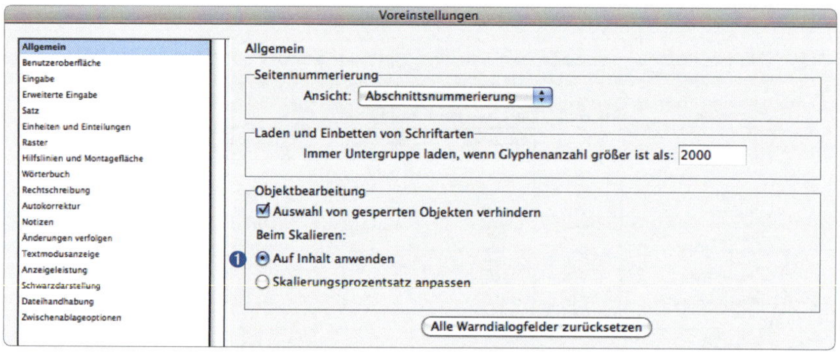

Eingabe

❷ **Textwerkzeug wandelt Rahmen in Textrahmen um** Diese Option deaktivieren, damit nicht irrtümlich leere Bildrahmen in Textrahmen umgewandelt werden.

❸ **Wortabstände** Beim Ausschneiden eines aktivierten Wortes wird der dazugehörige Wortabstand automatisch entfernt und beim Einfügen wieder eingefügt.

❹ **In Layoutansicht aktivieren** Mit dieser Option lässt sich aktivierter Text mit gedrückter Maus verschieben.

❺ **Intelligenter Textumfluss** Diese Option zum automatischen **Seiten hinzufügen** ist für das Arbeiten in der Druckvorstufe kaum erwünscht, da die Seitenanzahl eines Druckprodukts meist im Voraus geplant wird. Deaktivieren verhindert, dass automatisch Seiten eingefügt werden.
Falls dies für Publikationen wie z. B. Diplomarbeiten oder Dokumentationen doch gebraucht wird, sollte dies nur im Zusammenhang mit primären Textrahmen* erfolgen.

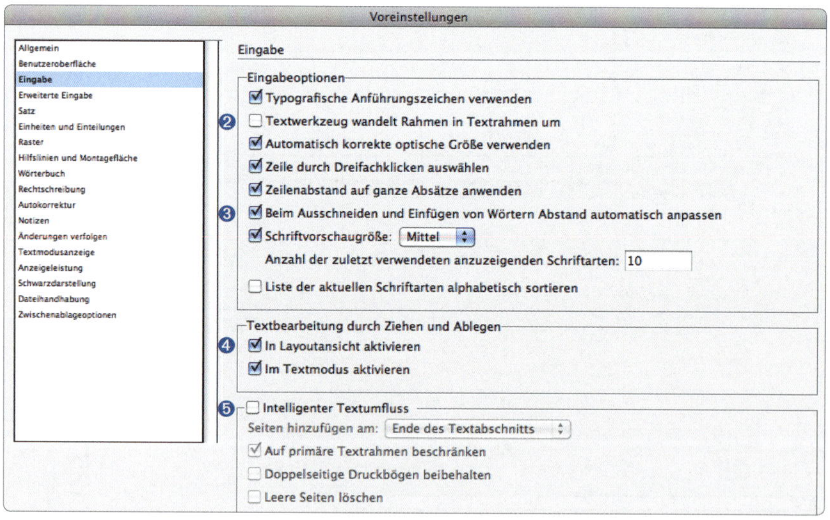

*Siehe Seite 52.

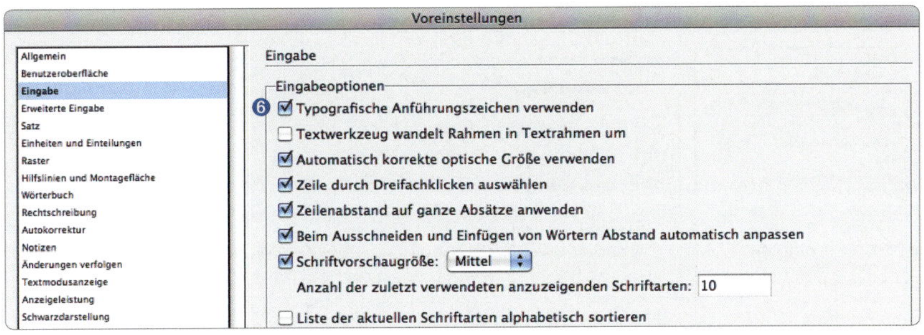

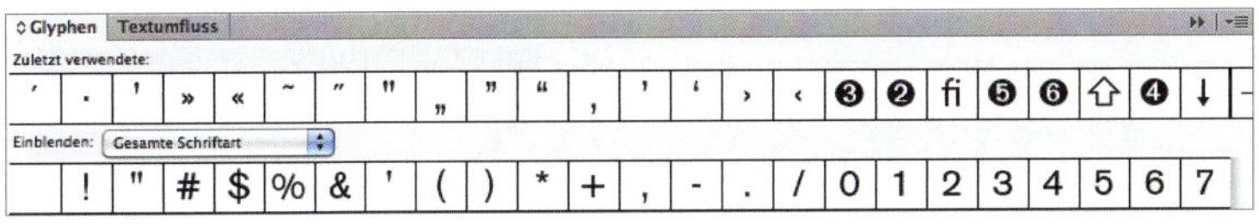

❻ Typografische Anführungszeichen

Durch diese Einstellung werden die gewünschten typografischen Anführungszeichen automatisch angewendet. Die Zeichen " und ' werden zu « » und ‹ › umgewandelt.
Im Schriftsatz werden je nach Sprache verschiedene Anführungszeichen* verwendet. Es sind nicht in jedem Schriftschnitt alle Anführungszeichen vorhanden. Im Bedienfeld **Glyphen** können alle vorhandenen Zeichen einer Schrift dargestellt werden.

Eingabe der Anführungszeichen über die Tastatur

An-/Abführung = ⇧ **2** → Wort → ⇧ **2**

Eingabe für die Deutschschweizer (CH) und die deutsche Tastatur (D):

« = ⌥ , (CH) ⌥ ⇧ **q** (D)
» = ⌥ ⇧, (CH) ⌥ **q** (D)
" = ⌥ **2**
" = ⌥ ⇧ **2**
' = ⌥ ¨ (Trema) (CH) ⌥ # (D)
' = ⌥ ⇧ ¨ (Trema) (CH) ⌥ ⇧ # (D)
‚ = Komma

Einfache Anführungszeichen
Eingabe Deutsch
(nicht in allen Schriften vorhanden):
‹ = ⌥ ⇧ **b**
› = ⌥ ⇧ **n**

*Siehe Seite 18 und Band 1, «Typografische Grundlagen», Seite 29.

«Wort»

Diese Anführungszeichen werden in der deutschen Schweiz angewendet.

»Wort«

Diese Anführungszeichen werden im deutschen Satz angewendet.

‹Wort›

Diese Anführungszeichen werden als Anführung in der Anführung angewendet. Die einfache Anführung kann auch aus ästhetischen Gründen angewendet werden.

›Wort‹

Diese Anführungszeichen werden als Anführung in der Anführung angewendet. Die einfache Anführung kann auch aus ästhetischen Gründen angewendet werden.

“Wort”

Diese Anführungszeichen werden im englischen Satz angewendet.

„Wort“

Dies sind die ursprünglich im deutschen Satz verwendeten Anführungszeichen.

‘Wort’

Diese Anführungszeichen werden als Anführung in der Anführung angewendet.

‚Wort‘

Diese Anführungszeichen werden als Anführung in der Anführung angewendet.

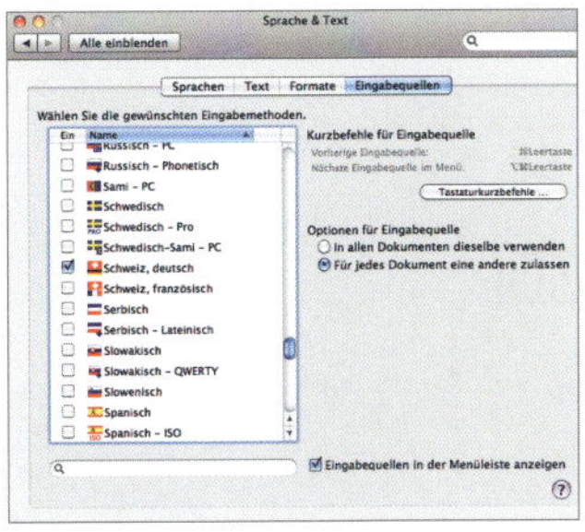

Tastaturbelegung anwählbar über Systemeinstellungen → Sprache und Text → Eingabequellen.

In der Menüleiste lässt sich unter der Landessprache im Kontextmenü die Tastaturübersicht einblenden.

Erweiterte Eingabe

Zeicheneinstellungen

❶ Hochgestellt

❷ Tiefgestellt

❸ Kapitälchen (unechte)

❹ Größe des Zeichens in Prozent einer normalen Schriftgröße beziehungsweise der Schriftbreite. Es wird nicht nur um den Prozentwert verkleinert, auch die Strichstärke wird um diesen Wert feiner. Die so hoch- und tiefgestellten Zeichen scheinen deshalb oft zu fein. Die Einstellungen sind von der Schriftart abhängig. Bei Bedarf lässt sich dies bei aktiviertem Zeichen korrigieren, indem man den **horizontalen Wert ❻** in der Maßpalette etwas größer wählt.

❺ Position gibt an, wie viel in Prozent der Schriftgröße hoch- oder tiefgestellte Ziffern oder Buchstaben über oder unter der Schriftlinie positioniert werden.

Bruchziffern

Echte Bruchziffern sind hoch- und tiefgestellte Ziffern mit gleicher oder angepasster Strichstärke an die Grundschrift. Sie sind nur in so genannten Expert- oder erweiterten OpenType-Fonts in den Glyphen vorhanden.

Bruchstrich

Der Bruchstrich ist schräger als der normale Schrägstrich. Er hat weniger Fleisch, deshalb stehen die Ziffern näher beim Strich.

Bruchstrich = ⌥ ⇧ 4 (CH)

Bruchstrich = ⌥ i (D)

Echte Kapitälchen

Echte Kapitälchen sind Großbuchstaben auf Mittellängenhöhe, jedoch mit derselben Strichstärke wie die Gemeinen. Diese echten Kapitälchen sind in Expert-Fonts als SC (Small Caps) oder in den erweiterten OpenType-Fonts in der Glyphentabelle.

Mediäval-Ziffern

Mediäval-Ziffern sind Ziffern, die wie Kleinbuchstaben Ober- und Unterlängen aufweisen und ebenfalls in Expert-Fonts unter SC oder OSF (Old Style Figures) und in den erweiterten OpenType-Fonts zu finden sind.

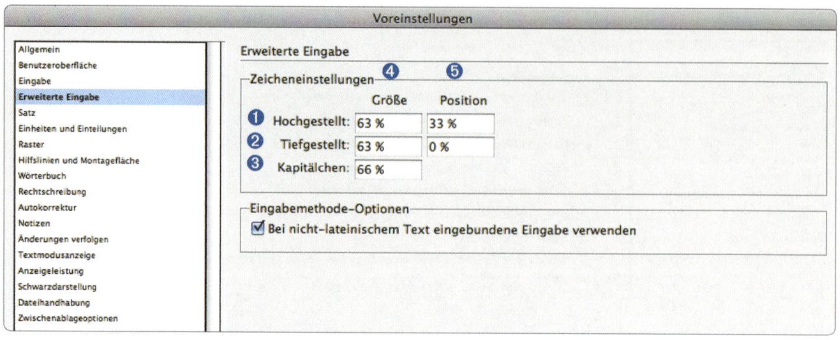

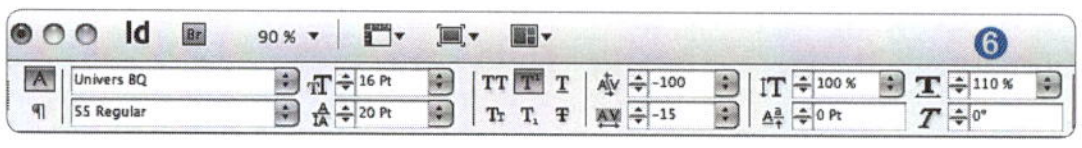

Der Vorplatz misst 90 m^2, das sind ⅕ des gesamten Grundstücks.

Hochgestellte Ziffer und Bruchziffer über die Maßpalette eingestellt.

❶ Hochgestellt 1 2 3 4 5 6 7 8 9 0

❷ Tiefgestellt 1 2 3 4 5 6 7 8 9 0

Hoch- und tiefgestellte Ziffern über die Maßpalette eingestellt. Vorschlag für die Einstellung der hoch- und tiefgestellten Ziffern siehe Fenster oben.

Hochgestellt 1 2 3 4 5 6 7 8 9 0

Tiefgestellt 1 2 3 4 5 6 7 8 9 0

Echte hoch- und tiefgestellte Ziffern aus dem Expert-Font in den Glyphen.

¼ ½ ¾ ⅛ ⅜ ⅝ ⅓ ⅔

Zusammengesetzte Brüche über Stil mit Bruchstrich gesetzt.

¼ ½ ¾ ⅛ ⅜ ⅝ ⅓ ⅔

Echte Brüche sind nur in Expert- oder erweiterten OpenType-Fonts in den Glyphen vorhanden.

❸ UNECHTE KAPITÄLCHEN

Kapitälchen mit obenstehenden Vorgaben bei Verwendung von Postscript-Type-1-Schriften (z.B. GA13 Garamond ITC).

ECHTE KAPITÄLCHEN

Expert-/OpenType-Font (z.B. Adobe Garamond).

Ober-/Unterlängen 1234567890

Mediäval-Ziffern.

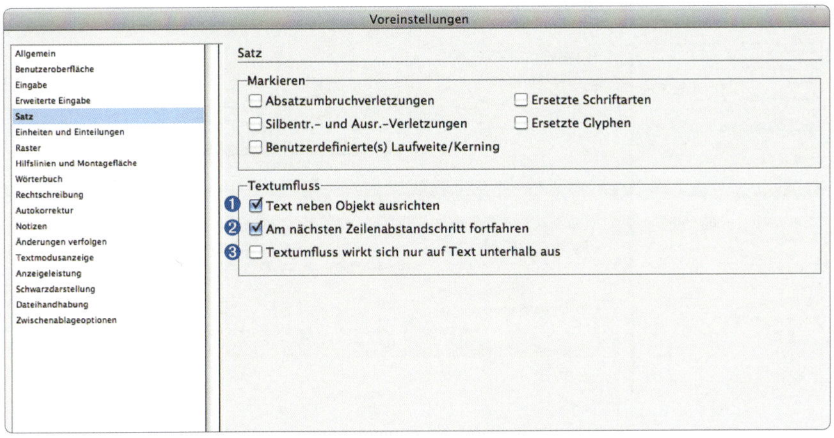

❷ Im Gegensatz zur Kunst mit ihrem subjektiven Ausdruck hat Schrift zwar vielfältige, doch vor allem nützliche Aufgaben. Sie ist

Transporteur von Gedanke und Sprache. Sie informiert und soll lesbar sein, muss also handwerklich gut gemacht sein. Zu-

Die Option ist aktiviert, d.h., das Objekt wird von der ersten Grundlinie nach dem Objekt bis zur letzten Textzeile vor dem Objekt um 12 Zeilenschaltungen (Objekt hier 50 mm bei einem Zeilenabstand von 14 pt) versetzt.

Im Gegensatz zur Kunst mit ihrem subjektiven Ausdruck hat Schrift zwar vielfältige,

gleich ist sie der ästhetische Schlüssel, der einen Text sinnlich auf- oder verschließt. Sie kann ihn ins Rampenlicht stellen und das Auge für die Botschaft sensibilisie-

Bei nicht aktivierter Option beträgt der Abstand von der Unterkante des Objekts bis zur ersten Grundlinie des Textes darunter den aktuell eingestellten Zeilenabstand. Dies funktioniert nur bei Text, der nicht am Grundlinienraster ausgerichtet ist!

Satz

Textumfluss

❶ Text neben Objekt ausrichten Bei Objekten, welche auf Textumfluss eingestellt sind, wird der Text beidseitig verdrängt. Ist diese Option aktiviert, wird der linksbündige Text auf der linken Seite des Objekts auf Blocksatz ausgetrieben.

❷ Am nächsten Zeilenabstandschritt fortfahren Standardmäßig wird in InDesign ein zu umfließendes Objekt am unteren Rand um den aktuell eingestellten Zeilenabstand versetzt, um zu verhinden, dass der Text am Objekt anstößt.
Bei aktivierter Option wird die erste Zeile nach dem umflossenen Objekt um ein Mehrfaches des eingestellten Zeilenabstandes, von der letzten Textzeile oberhalb des Objektes ausgehend, versetzt.

❸ Textumfluss wirkt sich nur auf Text unterhalb aus Diese Option ist standardmäßig nicht aktiviert. Damit wird sichergestellt, dass sowohl alle darüber als auch darunter liegenden Textstellen verdrängt werden, unabhängig, auf welcher Ebene sie sich befinden.

Einheiten und Einteilungen

Linealeinheit

❶ **Horizontal/Vertikal** Hier wählt man das Maßsystem, das angewendet werden soll.* Das gewählte Maßsystem wird von den horizontalen und den vertikalen Linealen übernommen.

Schriftgröße und Zeilenschaltung sowie Linien- und Rahmenstärken werden jedoch immer in DTP-Punkte umgerechnet, egal, welches Maßsystem angewählt ist. Wird die Schriftgröße in Millimeter angegeben, erscheint sie beim Wiederöffnen des Menüs in DTP-Punkten. Deshalb entstehen oft Schriftgrößen und Zeilenschaltungen mit mehreren Stellen hinter dem Komma.

❷ **Ursprung: Seite, Druckbogen**

Seite Der Nullpunkt des horizontalen Lineals ist normalerweise in der linken oberen Ecke einer Seite. Bei den Druckbogen (Doppelseiten) ist der Nullpunkt auf jeder Seite.

Druckbogen Das Lineal misst über die Doppelseite oder mehrere nebeneinander stehende Seiten, zum Beispiel bei einem Faltprospekt. Bei der Ausgabe muss im Druckdialog «Druckbogen» aktiviert sein.

*Siehe Band 1, «Typografische Grundlagen», Seite 4ff.

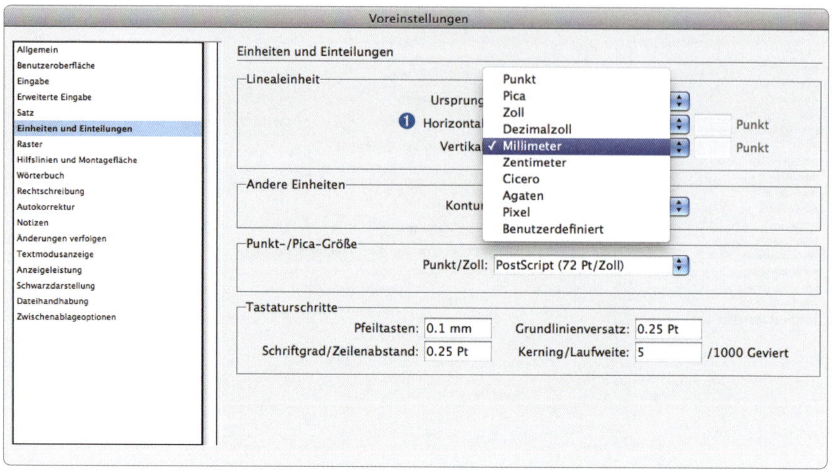

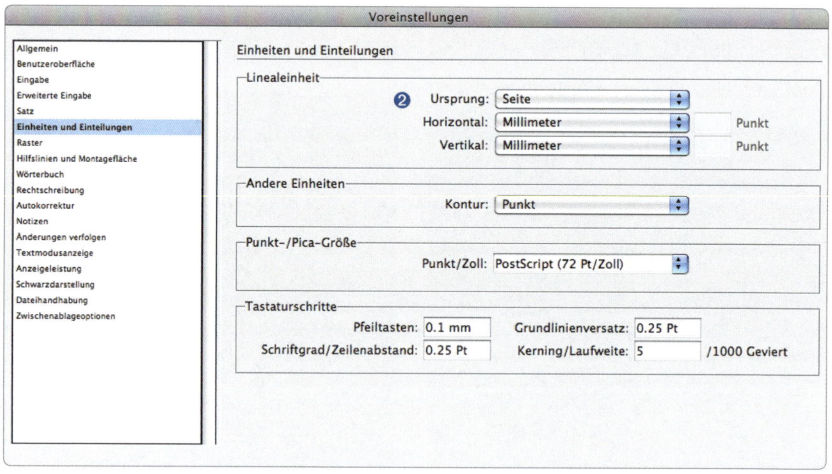

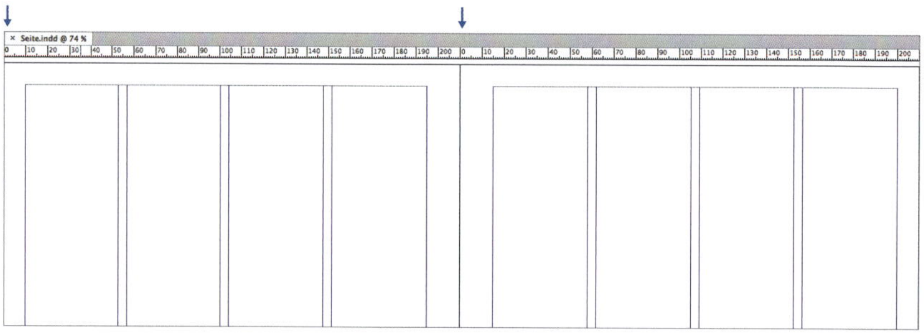

Einstellung Seite.

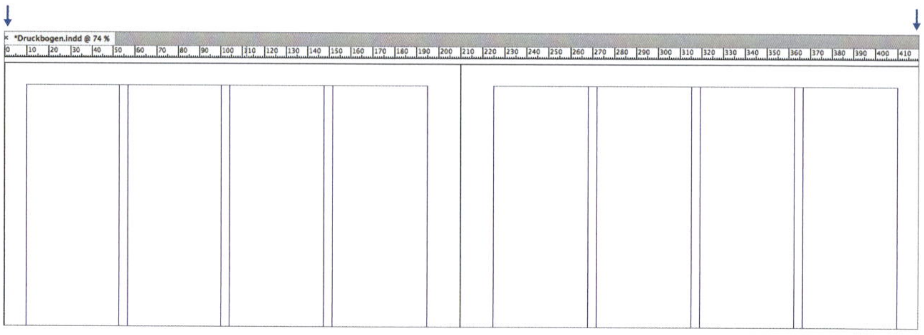

Einstellung Druckbogen.

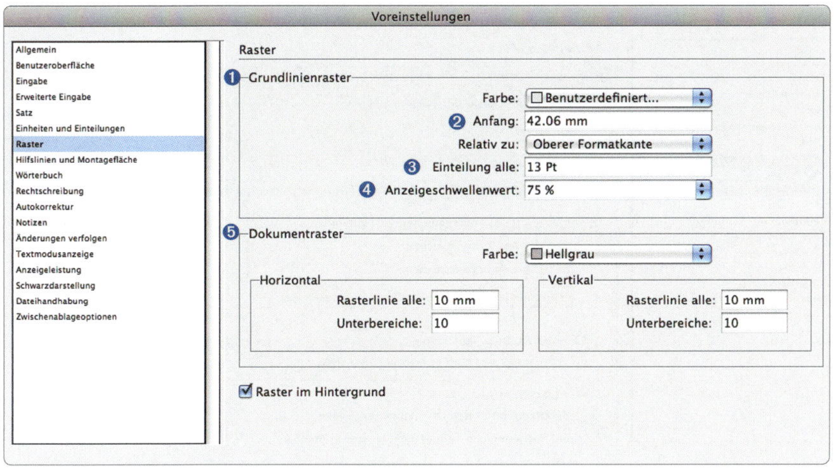

Im Gegensatz zur Kunst mit ihrem subjektiven Ausdruck hat Schrift zwar vielfältige, doch vor allem nützliche Aufgaben. Sie ist Transporteur von Gedanke und Sprache. Sie informiert und soll lesbar sein, muss also handwerklich gut gemacht sein.

Am Grundlinienraster ausgerichteter Text bezeichnet man als registerhaltig, was heißt, dass sich alle Zeilen auf allen Seiten am Grundlinienraster orientieren.

Sie kann ihn ins Rampenlicht stellen und das Auge für die Botschaft sensibilisieren. Sie kann diese fröhlich oder traurig darstellen. Die ästhetische Schriftqualität spiegelt zudem ihren Schöpfer wie auch den Geist einer Epoche getreulich wider.

Nicht registerhaltiger Text orientiert sich am definierten Zeilenabstand des Textrahmens.

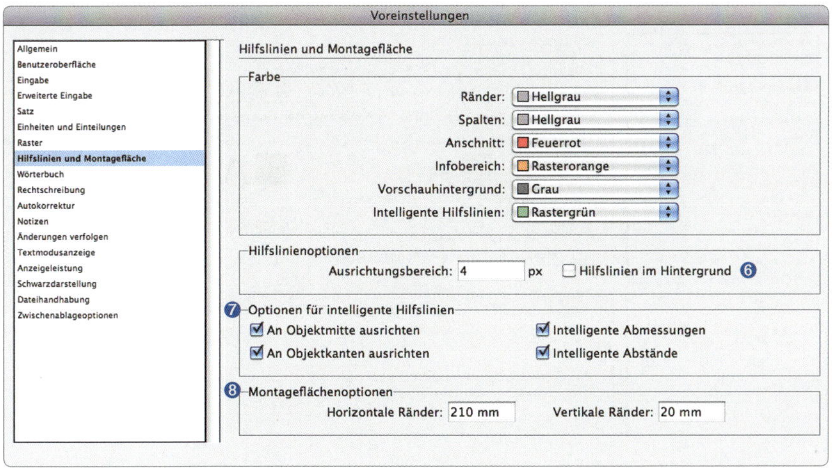

Raster

❶ **Grundlinienraster*** werden eingesetzt, um die genaue Übereinstimmung der Textzeilen auf nebeneinanderliegenden Spalten oder auf Vor- und Rückseiten festzulegen. Vor allem bei schlechter Opazität des Papiers erschwert das Durchschimmern zwischen den Zeilen das Lesen. InDesign bietet die Möglichkeit, abweichend zum Dokumentraster, individuelle Grundlinienraster für Textrahmen (über die Textrahmenoptionen**) zu definieren.

❷ **Anfang und Relativ zu** definieren den Startpunkt, an welchem der Grundlinienraster auf einer Seite oder einem Satzspiegel wirksam wird.

❸ **Einteilung alle** bestimmt den Abstand zwischen den einzelnen Grundlinien. Meist ist dieser Wert identisch mit dem definierten Zeilenabstand (in Punkt).

❹ **Anzeigeschwellenwert** definiert, ab welchem Zoomfaktor der Grundlinienraster automatisch ausgeblendet wird. Je kleiner die Ansicht einer Dokumentseite, desto störender wirkt die Einblendung des Grundlinienrasters.

❺ **Dokumentraster** dient als Hilfe für die genaue Platzierung von Objekten in horizontaler und vertikaler Ausrichtung.

Hilfslinien und Montagefläche

❻ **Hilfslinien im Hintergrund** Die nicht druckenden Hilfslinien verlaufen hinter den Objekten. Zur besseren Orientierung sollten sie über das Objekt laufen, also **vorne** stehen, deshalb empfiehlt es sich, diese Option nicht zu aktivieren.

❼ **Intelligente Hilfslinien** Diese Optionen helfen beim Verschieben von Objekten, diese schneller zueinander auszurichten oder Abstände zwischen Objekten gleichzuschalten.

❽ **Montageflächen** bezeichnet die Fläche, welche rund um den Druckbogen hinausragt. Sie lässt sich hier in gewünschte Größen einstellen. Die Farbe stellt man unter der Option «Vorschauhintergrund» ein, mit Vorteil ein neutrales Grau.

* Siehe auch «Besser setzen» auf Seite 60.
** Siehe Seite 69.

Wörterbuch

➊ **Sprache** Damit der Text auf Rechtschreibung geprüft werden kann, muss vorgängig festgelegt werden, mit welchen Wörterbüchern geprüft werden soll. Zusammen mit der Spracheinstellung werden auch die Silbentrennung* sowie die Anführungszeichen ➋ festgelegt, die bei Textimporten aus Word, Excel usw. wirksam werden. Manuelle Eingabe ⇧ **2** über die Tastatur.**

➌ **Bei Änderung neu umbrechen** Diese Option sollte deaktiviert sein, um einen falschen Neuumbruch zu verhindern. Sie wird nur angewendet, wenn gezielt in Arbeitsgruppen mit speziellen Wörterbüchern gearbeitet wird.

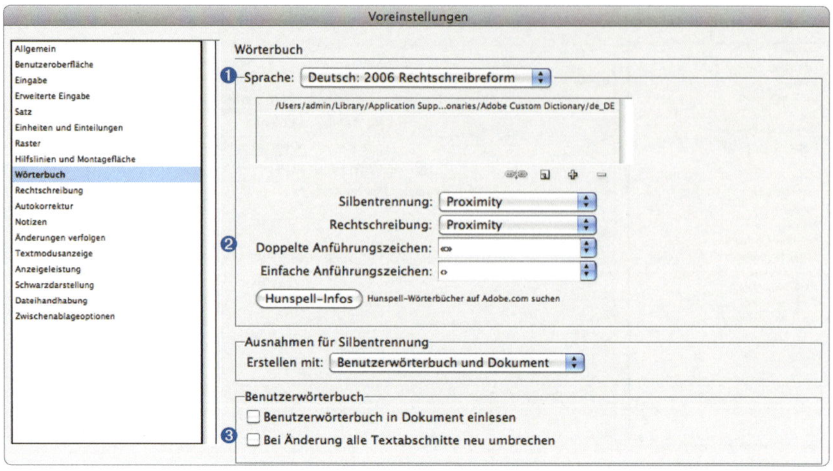

Anzeigeleistung

➍ **Objektspezifische Anzeigeeinstellungen beibehalten** Diese Option sollte deaktiviert sein, weil sonst die Dateigröße eines Dokuments enorm in die Höhe schnellt. Die Standard-Einstellungen erweisen sich als gut.

➎ **Text ausgrauen** Mit der Einstellung «0 Pt» bleiben Texte auch in extrem kleinen Schriftgraden lesbar.

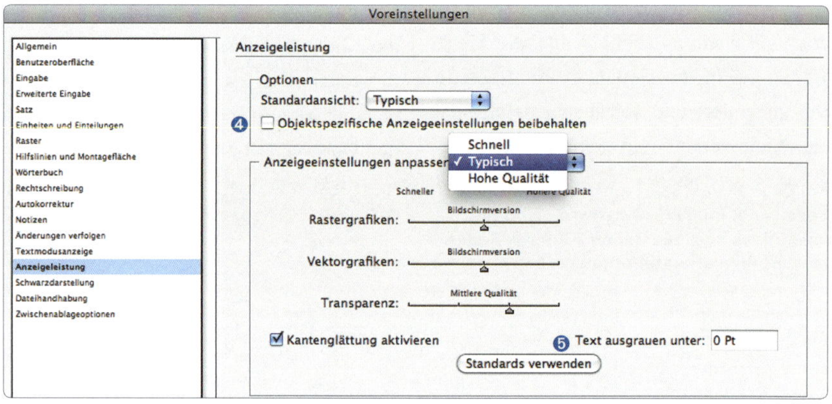

Schwarzdarstellung

➏ **Alle Schwarztöne korrekt anzeigen** auswählen, damit Farbunterschiede von reinem Schwarz (K = 100 %) und Tiefschwarz (z. B. C 70, M 60, Y 60, K 100) bereits mit der Vorschau am Monitor sichtbar werden.

➐ **Farbfeld [Schwarz] 100 % überdrucken** Diese Option sollte aktiviert sein, denn sie wirkt sich auf das Standard-**[Schwarz]**, gekennzeichnet mit Klammern, aus. Das heißt, Texte und Objekt, die mit dieser Farbe eingefärbt werden, überdrucken im Hintergrund liegende Flächen.

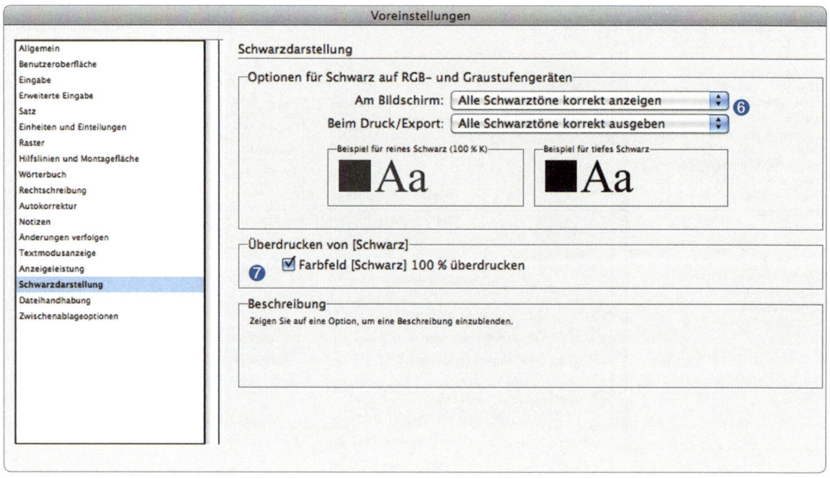

*Siehe Seite 64.
**Siehe Seiten 18 und 43 und Band 1, «Typografische Grundlagen», Seite 29.

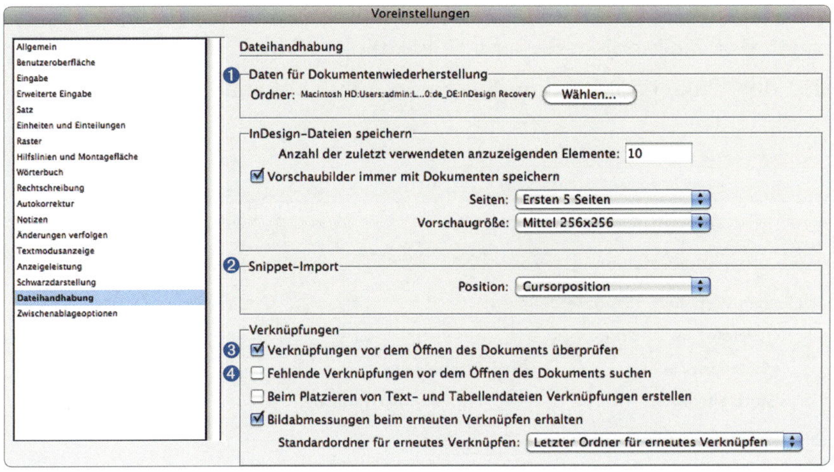

Dateihandhabung

❶ Daten für Dokumentwiederherstellung Die vorgegebene Standardeinstellung ist für die Wiederherstellung nach einem Absturz ideal gewählt. Änderung des Ordners nur in Sonderfällen empfohlen.

❷ Snippet-Import Hier wird die Position festgelegt, wie eine Snippet-Datei eingefügt werden soll. Dies kann die Cursorposition oder die Originalposition sein. Werden Snippets* abgespeichert, wird die Position des Objekts mitgespeichert.

❸ Verknüpfungen Die Option «Verknüpfungen vor dem Öffnen des Dokuments überprüfen» ist für die Produktion sinnvoll, weil dadurch die Bilder manuell aktualisiert werden können. Hingegen macht es keinen Sinn, fehlende Verknüpfungen vor dem Öffnen suchen zu lassen ❹, weil dies bei größeren Dateien enorm viel Zeit beanspruchen kann, da InDesign sämtliche Verzeichnisse durchsucht.

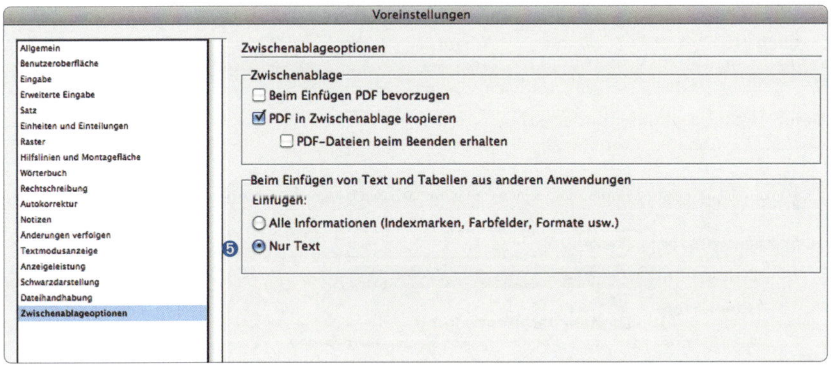

Zwischenablageoptionen

❺ Nur Text InDesign kann versuchen, beim Einfügen durch die Zwischenablage Formatierungen des Textes zu erhalten. Meist ist dies jedoch nicht erwünscht. Mit der Einstellung «Nur Text» werden beim Importieren von Text aus Word, E-Mails oder Texteditoren alle darin enthaltenen Formatierungen gelöscht. Beim Kopieren und Einfügen von Text aus anderen InDesign-Dokumenten greift diese Voreinstellung nicht. Falls dies doch erwünscht ist, kann der Text mit dem Befehl ⌘⇧**V** unformatiert eingefügt werden.

*Snippets (Schnipsel) sind Objekte oder Objektgruppen, die als eigenständige Datei gespeichert und in InDesign-Layouts per Drag and Drop importiert werden können. Siehe Seite 54.

Dokumente anlegen

Beim Erstellen eines neuen Dokuments wird auch das Zielmedium für eine Publikation – Druck, Web oder Digitale Veröffentlichung – festgelegt und damit das Dokument für den geplanten Ausgabekanal optimal vorbereitet.

Neues Dokument | Druck

❶ **Seitenformat** Hier wird das Endformat in Breite, Höhe und Ausrichtung (Hoch- oder Querformat) definiert, nicht das Format des Papiers, auf dem später ausgedruckt wird. Man kann die Vorgaben benutzen oder individuell ein Format eingeben.
Spalten und Ränder lassen sich zu einem späteren Zeitpunkt nur in der geöffneten Musterseite (Doppelklick auf Musterseitensymbol) abändern. Alle anderen Einstellungen über **Datei → Neu → Dokument** oder mit dem Befehl ⌘ **N**.

❷ **Spalten** InDesign teilt den definierten Satzspiegel abzüglich der Ränder in die gewählte Anzahl Spalten minus die Spaltenabstände. Spaltenbreiten erhalten dadurch mehrere Stellen hinter dem Komma. Es sind maximal 216 Spalten pro Seite möglich.
Besser ist es, die Spaltenbreite, die Anzahl der Spalten sowie die Spaltenabstände zu bestimmen. Daraus ergeben sich dann die Satzspiegelbreite und die Ränder.
Es müssen mindestens eine Spalte und ein Spaltenabstand definiert sein.

❸ **Ränder** Der Satzspiegel in InDesign ist die Fläche, die nach Abzug der Ränder vom Papierformat übrig bleibt. In jedem neuen Dokument richtet InDesign eine Musterseite **A-Muster A** ein. Diese enthält alle Vorgaben, die man für das Einrichten eines neuen Dokuments definiert hat. Alle Eingaben gelten auch für die leere Seite.

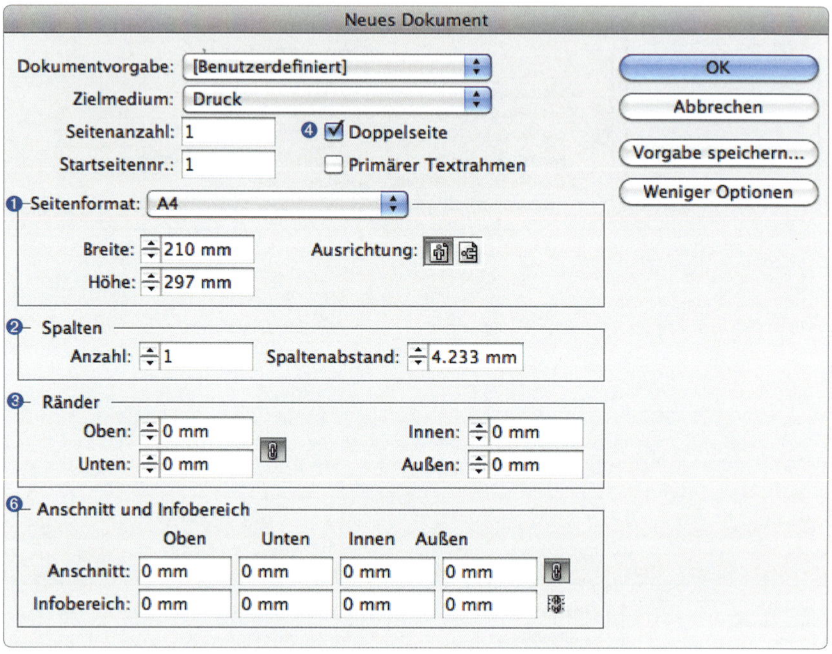

Datei → Neu → Dokument oder ⌘ **N.**

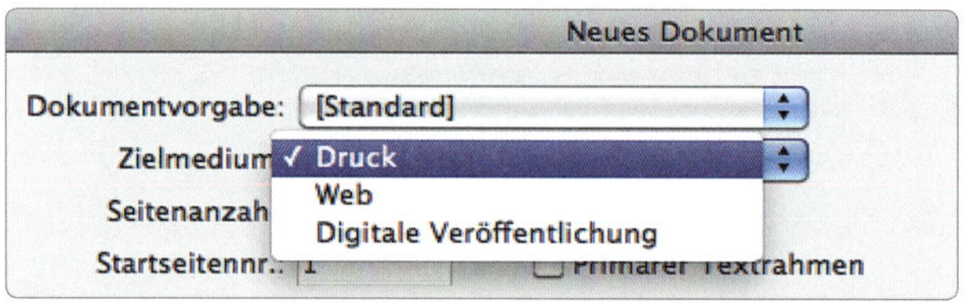

Die Bereiche enthalten unterschiedliche Parameter für die jeweilige Verwendung.

❷ ❸

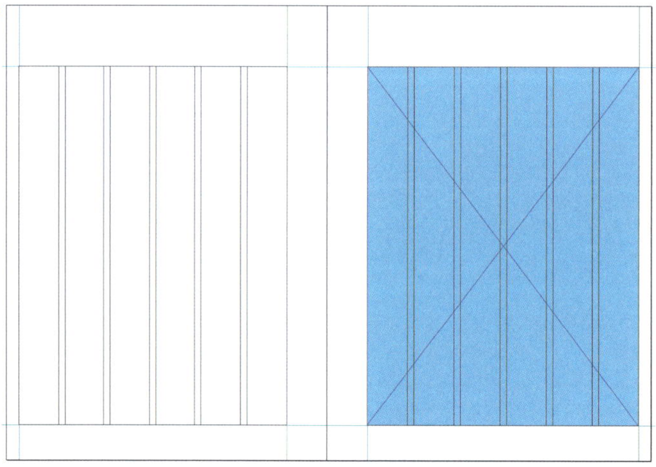

Spalteneinteilung.

Ränder und Satzspiegel (blau).

❹

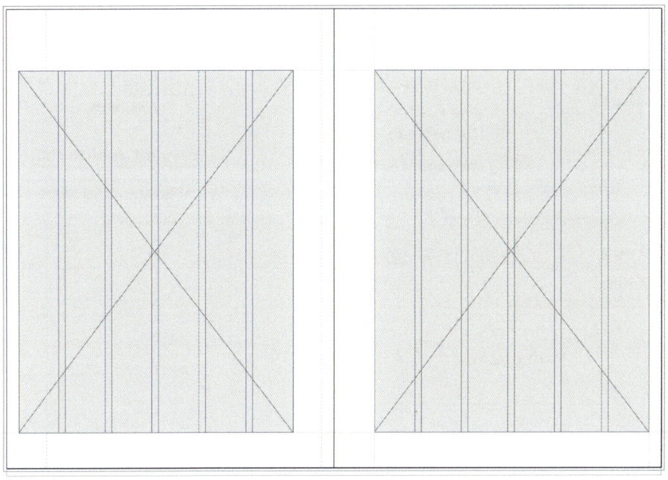

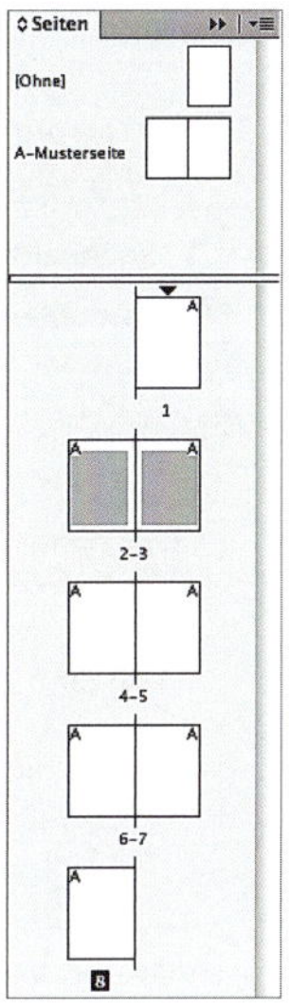

Druckbogen (Doppelseiten). Die Musterseite wird gespiegelt, so entsteht ein symmetrischer Satzspiegel.

❺

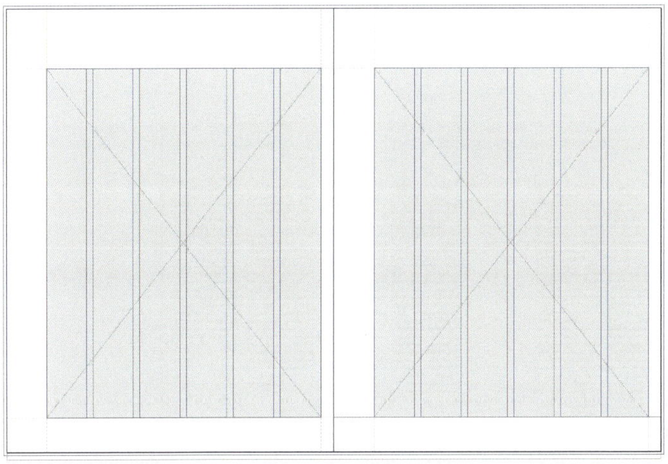

Nachträgliche Druckbogen. Die Musterseite bleibt als Einzelseite, ein asymmetrischer Satzspiegel entsteht.

❻

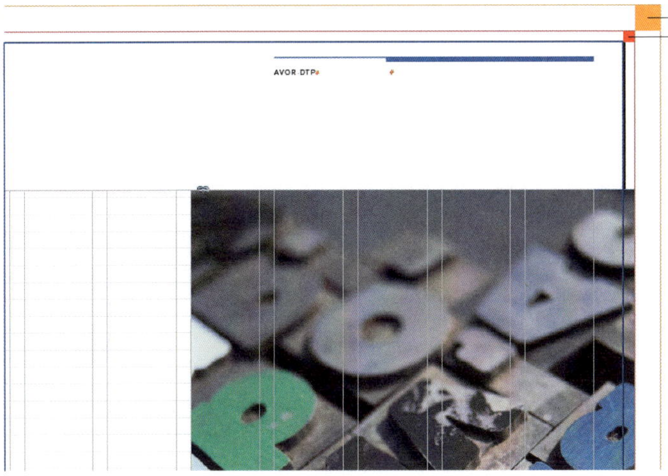

Um Bilder und Objekte randabfallend drucken zu können, müssen sie im Normalfall 3 mm über das Endformat hinaus platziert werden (Anschnitt oder Beschnitt).

❹ **Doppelseite** (im Bedienfeldmenü immer als Druckbogen oder Musterdruckbogen bezeichnet) Bei dieser Wahl wird aus den Rändern **Links** und **Rechts Innen** und **Außen. Innen** liegt im Bund. Diese Anordnung des Satzspiegels ist symmetrisch.*
Die linke und die rechte Seite müssen auf der Musterseite separat eingerichtet werden.
Jede Seite erhält ihre eigenen Schnittzeichen und Passkreuze bei der Ausgabe. Elemente, die über den Bund laufen, werden automatisch mit Beschnitt ausgegeben. Wird bei der Ausgabe «Druckbogen» gewählt, werden die Schnittzeichen und Passkreuze für eine Doppelseite vergeben. Die Elemente, die über den Bund laufen, werden aber nicht geteilt.

❺ **Nachträgliche Druckbogen und Einzelseiten** Man kann den Druckbogen auch nachträglich noch anwählen mit **Datei → Dokument einrichten** oder mit Befehl **⌥ ⌘ P.** Dies bewirkt, dass zwar in der Seitenlayout-Palette ein Druckbogen (mit Bundsteg) vorhanden ist, jedoch nur eine Musterseite A existiert. Zieht man nun neue Seiten ins Seitenlayout, erhält man einen asymmetrischen Satzspiegel.*
Um doch noch einen symmetrischen Satzspiegel zu erhalten, erstellt man im Seiten-Bedienfeld einen neuen Musterdruckbogen (B) und zieht das Icon über die entsprechenden Seiten-Icons. Um Druckbogen nachträglich in Einzelseiten umzuwandeln, müssen alle Musterdruckbogen gelöscht werden.

❻ **Anschnitt und Infobereich** Für Objekte, welche «randabfallend» gedruckt werden, das heißt über das Endformat hinausreichen, muss hier der Anschnittsbereich festgelegt werden.
Im Infobereich außerhalb des Druckbogens können Anweisungen für die Druckerei vermerkt werden.

*Siehe Seite 32.

❶ Startseitennummer Hier wird der Beginn der Paginierung festgelegt. In einem Buch beginnt sie normalerweise erst nach der Titelei.

❷ Primärer Textrahmen Der automatische (primäre) Textrahmen hat immer die Größe des Satzspiegels. Ist der Satzspiegel in mehrere Spalten unterteilt, lassen sich die einzelnen Spalten nicht unabhängig voneinander verlängern, verbreitern, verkürzen oder verschmälern. Sie werden später automatisch von links oben bis rechts unten mit Text aufgefüllt. Das Arbeiten mit automatischen Textrahmen eignet sich vor allem für umfangreiche Textarbeiten mit immer gleichem Seitenaufbau. Dies erfolgt dann im Zusammenhang mit der InDesign-Voreinstellung «Intelligenter Textumfluss»*, die bewirkt, dass Seiten automatisch eingefügt werden.

Der automatische Textrahmen kann nachträglich jederzeit in einen normalen Textrahmen umgewandelt werden.

*Siehe Seite 42.

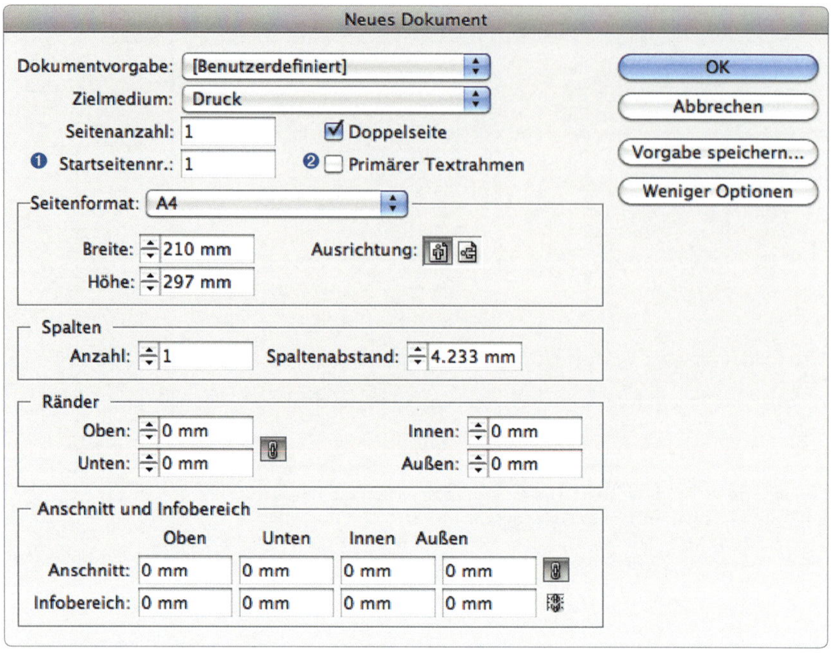

Bei automatischen Textrahmen mit mehreren Spalten können diese nicht einzeln verändert werden. Aktiviert erkennt man ihn an diesem Symbol am oberen linken Rand.

❶ 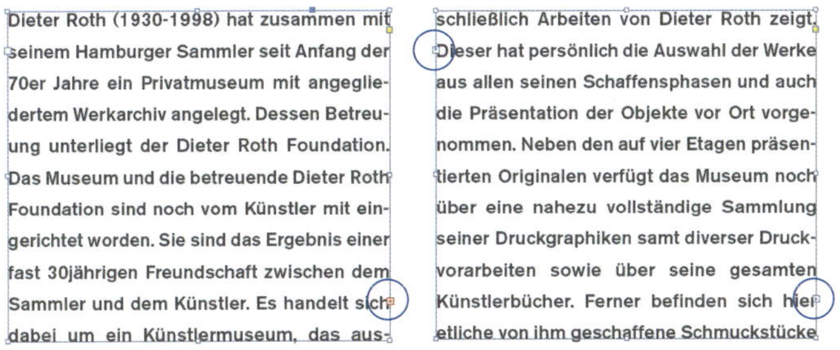

Das rote Pluszeichen unten rechts des Rahmens signalisiert, dass ein Übersatz vorhanden ist.

Der blaue Pfeil oben links am Rahmen signalisiert, dass er mit einem Rahmen davor verbunden ist. Das gleiche Symbol unten rechts deutet auf einen Rahmen danach hin.

❷ 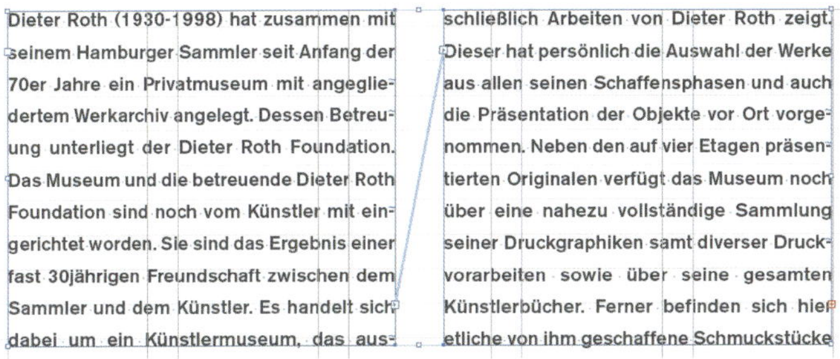

Anzeige der Verkettung unter Menü Ansicht → Extras → Textverkettungen einblenden.

❸ 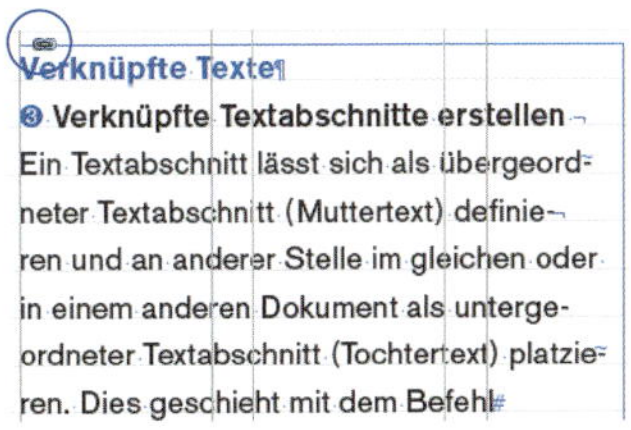

Verknüpfte Textabschnitte erkennt man wie alle Verknüpfungen am Verknüpfungs-Icon am oberen linken Textrahmenrand.

❹ 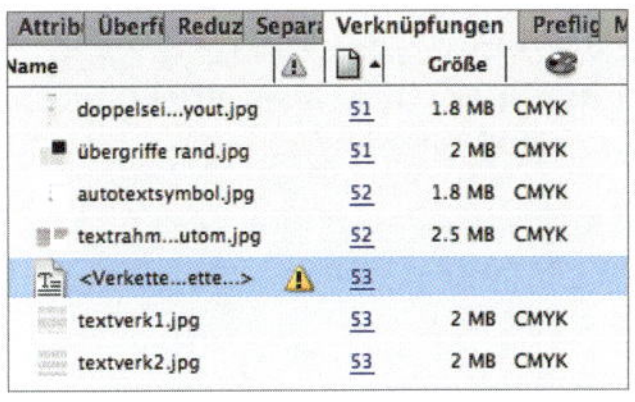

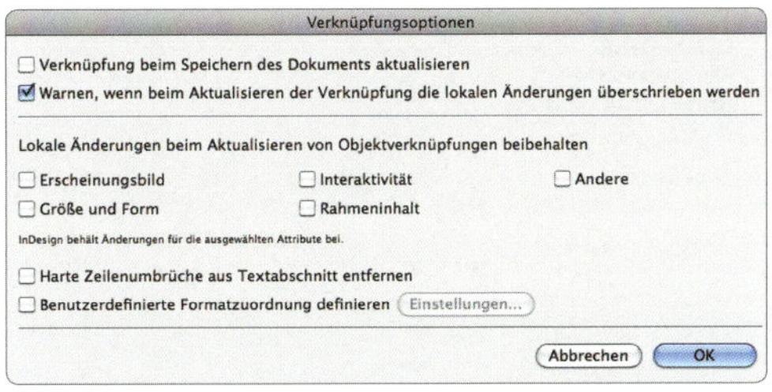

Das Verknüpfungen-Bedienfeld zeigt an, ob eine Verknüpfung verändert worden ist oder gar fehlt, wenn aus Versehen ein «Muttertext» gelöscht wurde.

Warnen: Wird im «Muttertext» eine Textänderung gemacht, kennzeichnet ihn InDesign als modifiziert und eine gibt eine Warnmeldung ab. Bei deaktivierter Option wird dies unterlassen. Alle Optionen unter «Lokale Änderungen beim Aktualisieren von Objektverknüpfungen beibehalten» können aber für Textabschnitte nicht aktiviert werden. Diese werden nur bei verknüpften Textrahmen aktiv, welche Formatierungen mitspeichern.

Verkettete Textrahmen

❶ **Verketten** Da längere Texte einer Publikation kaum auf einer Seite Platz finden, werden die Textrahmen miteinander verkettet. Diese verfügen jeweils über einen Ein- und Ausgang, über die Verbindungen zu anderen Textrahmen hergestellt werden können. Anhand der Symbole am Rahmen kann man erkennen, wie sich der Text darin verhält. Für eine Verkettung muss mit dem Auswahlwerkzeug in den Ausgang des Textrahmens und dann in den neuen Rahmen geklickt werden. Der Cursor ändert dabei das Aussehen.

❷ **Entketten** Verknüpfte Textrahmen können gelöst werden, indem man beim aktivierten Rahmen mit dem Cursor oben links in das Eingangssymbol klickt, den Cursor über den Text bewegt, bis sich das Cursor-Symbol ändert und dann in den Rahmen klickt.

Verknüpfte Inhalte

Seit CS6 können nicht mehr nur Textabschnitte, sondern auch Bilder, sowohl im selben als auch in anderen Dokumenten verknüpft und synchron gehalten werden.

❸ **Verknüpfte Textabschnitte erstellen** Ein Textabschnitt lässt sich als übergeordneter Textabschnitt (Muttertext) definieren und an anderer Stelle im gleichen oder in einem anderen Dokument als untergeordneter Textabschnitt (Tochtertext) platzieren. Dies geschieht mit dem Befehl **Bearbeiten → Platzieren und verknüpfen.** Diese verknüpften Textabschnitte verhalten sich gleich wie alle Verknüpfungen und werden im Verknüpfungen-Bedienfeld angezeigt.

❹ **Synchronisieren von Textabschnitten** Das Synchronisieren der Textabschnitte erfolgt mit dem Befehl **Verknüpfungen aktualisieren** im Verknüpfungen-Bedienfeld. Bei aktiviertem verknüpftem Textabschnitt lassen sich die Verknüpfungsoptionen aufrufen und verschiedene Optionen einstellen.

Bibliothek, Snippet und Buch

In einer Bibliothek werden oft verwendete Textelemente, Grafiken, Logos und Bilder abgelegt. Es können auch ganze Seiten mit verketteten Textrahmen gespeichert werden. Bibliotheksobjekte behalten alle Eigenschaften wie Farben, Absatz-, Zeichen- und Objektformate des Objekts, aus dem sie abgeleitet wurden. Die Bibliothek sieht zwar aus wie ein Bedienfeld, ist aber in Wirklichkeit eine InDesign-Datei, die nur als Behälter für Layoutobjekte dient. Bibliotheksdateien und Snippets können zwischen Arbeitsplätzen ausgetauscht oder auf einem Server hinterlegt werden.
Snippets dagegen sind InDesign-Objekte, die als eigenständige Datei (ohne Behälterfunktion) gespeichert werden. Alle Objekte, die in Bibliotheken abgelegt werden können, können auch als Snippet gespeichert und in Adobe-Bridge umfassend verwaltet werden. Snippets sind XML-Dateien, die auch außerhalb von InDesign mit einem Texteditor bearbeitet werden können.

Bibliothek

Bibliothek anlegen Um eine neue Bibliothek anzulegen, wählt man **Datei → Neu → Bibliothek.** Die Bibliothek kann mit einem Namen versehen und in die Bedienfeld-Liste aufgenommen werden. Um Objekte aus einem Dokument abzulegen, brauchen sie lediglich ins Bibliothek-Bedienfeld gezogen zu werden. Es können sämtliche Objekte einer Seite als Ganzes mit der Funktion ❶ «Elemente auf Seite XX hinzufügen» oder auch als eigenständige Objekte ❷ in die Bibliothek aufgenommen werden. Um Objekte aus der Bibliothek zu verwenden, werden sie auf die gewünschte Dokumentseite gezogen. Objekte, die aus der Bibliothek zu entfernen sind, werden angewählt und per Klick auf das Löschsymbol gelöscht. Der Befehl kann nicht widerrufen werden.

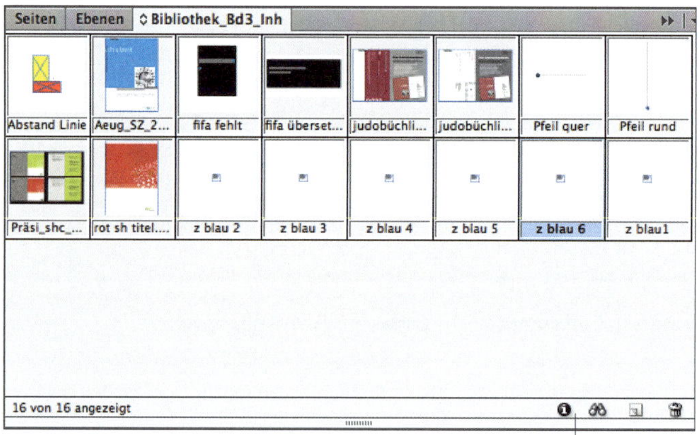

Eine Bibliothek ist ein eigenständiges Dokument mit dem Suffix .indl.

Suchfunktion.

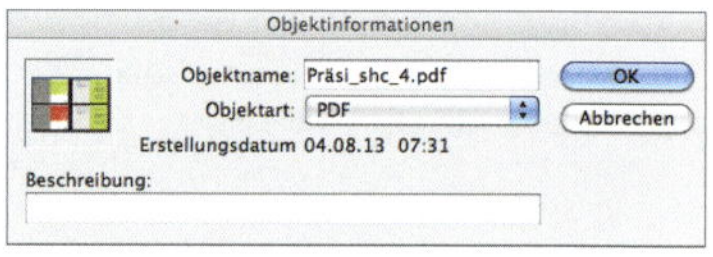

Die Beschriftung der Elemente dient auch der Such- und Sortierfunktion des Bibliothek-Bedienfeldes.

Snippet

Snippet anlegen Um eine Snippet-Datei zu erstellen, wird ein Objekt einfach auf den Schreibtisch oder in Adobe-Bridge gezogen oder über **Datei → Exportieren → InDesign-Snippet** gespeichert.
Die Handhabung ist ähnlich derjenigen der Bibliothek. Beim Platzieren per Drag and Drop verändert sich aber der Cursor wie beim Bild- oder Textimport in einen Platziercursor. Da ein Snippet die Originalposition mitspeichert, hängt die Position von der InDesign-Voreinstellung für Snippets ab, in der festgelegt wurde, wo ein Snippet platziert werden soll.*

Snippet.idms

*Siehe Seite 49.

❶

❷
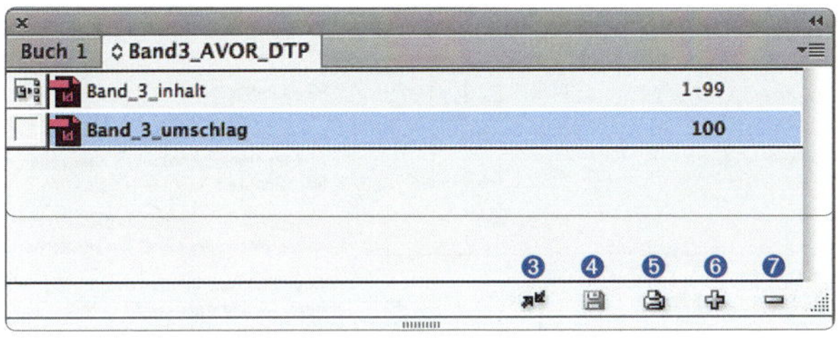

Im Bedienfeld werden alle Dokumente eines Buches gesichert. Die Reihenfolge kann per Drag and Drop geändert werden. Die Seitennummerierung wird automatisch angepasst, wenn unten stehende Attribute erfüllt sind.

❽
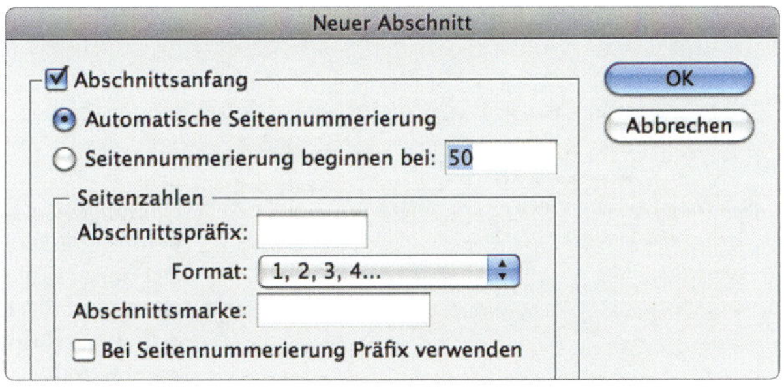

Wenn mehrere Dokumente als Buch zusammengefügt werden, muss die automatische Seitennummerierung im ersten Abschnittsanfang aktiviert sein, da sonst die automatische Neupaginierung bei Umfangänderungen nicht funktioniert.

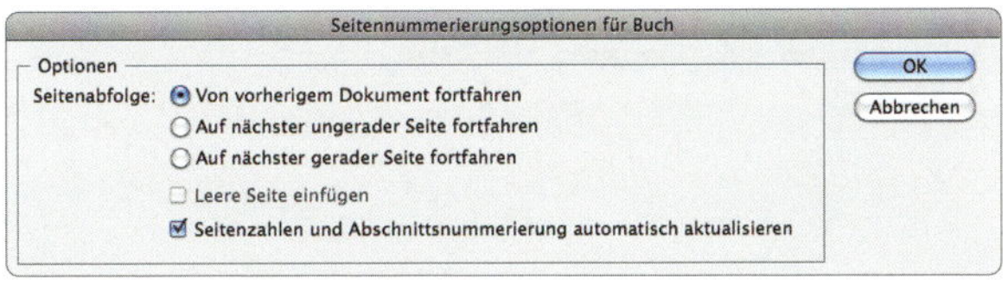

Buch

❶ Als «Buch» wird in InDesign die Zusammenführung von Dokumenten bezeichnet. Sinnvollerweise wird pro Kapitel je ein Dokument angelegt, welches hier in einer Datei verwaltet werden kann: Paginierung, Inhaltsverzeichnisse und Indexerstellung.

❷ **Formatquelle** Durch Klick ins Formatquellefeld wird das Vorlagedokument bestimmt.

❸ **Formate und Formatfelder mit Formatquelle synchronisieren** Hier werden die Farben, Absatz-, Zeichen- und Objektformate für das gesamte Buch synchronisiert. Nach dem Synchronisieren der Kapitel weisen alle Kapitel die Vorgaben der Formatquelle auf. Da InDesign diese Änderungen selbstständig vornimmt und sichert, können sie nicht rückgängig gemacht werden.

❹ **Buch speichern** Durch einen Klick auf das Symbol wird die Sicherung des Buches direkt im Bedienfeld ausgelöst.

❺ **Buch drucken** Kapitel mit der Befehlstaste in der Palette markieren, eventuell Druckstil anlegen. Ist kein Kapitel markiert, wird das ganze Buch gedruckt.

❻ ❼ **Dokumente hinzufügen/entfernen** Das Anlegen von neuen Kapiteln erfolgt durch das Einfügen von neuen Dateien in ein offenes Buch. Die Kapitelreihenfolge ist beliebig änderbar. Die Kapitel können jederzeit aus dem Buch entfernt werden, die Datei selbst bleibt aber erhalten und kann anschließend einem anderen Buch hinzugefügt werden. Automatische Seitenzahlen werden bei einer Neuanordnung aktualisiert, sofern alle Kapitel über Musterseiten mit Platzhaltern für die Seitenzahlen verfügen. Beim Einfügen von Seiten in ein Kapitel oder bei einer Neuanordnung werden die folgenden Seiten und Kapitel abhängig vom Kapitelanfang ❽ nummeriert.

Musterseiten

Musterseiten erleichtern die Arbeit bei mehrseitigen Publikationen. Die auf einer Musterseite eingerichteten Rand- und Spaltenhilfslinien sowie Elemente, die wiederholt vorkommen, wie Kolumnentitel, Pagina (Seitenzahlen) Firmenlogo usw., werden auf allen Dokumentseiten angewendet, die auf dieser Musterseite basieren.
Neben der Methode mit Musterseiten sind im Lauf der neueren Programmversionen weitere Komponenten wie Snippets oder das Inhaltsaufnahme- und -platzierungswerkzeug hinzugekommen. Diese ermöglichen ebenfalls ein effizientes und flexibles Arbeiten mit wiederkehrenden Layouts und Objekten.

Das Seiten-Bedienfeld ist in zwei Bereiche unterteilt. Im oberen Teil sind die Musterseiten, im unteren die Dokumentseiten dargestellt, zuoberst rechts das Bedienfeldmenü.
In jedem neuen Dokument richtet InDesign eine Musterseite **A-Muster A** ein. Sie enthält alle Vorgaben, die man beim Einrichten des neuen Dokuments definiert hat. Diese Eingaben gelten auch für die leere Seite.
❶ **Neue Musterseite** Hier können nun Text- und Bildrahmen aufgezogen werden, Kolumnentitel oder die automatische Paginierung (siehe folgende Seite), Spaltenlinien, Logos usw. platziert werden, die immer am gleichen Ort stehen sollen. Sie werden automatisch auf die nachträglich eingefügten Layoutseiten übertragen. Änderungen am Satzspiegel und an der Spalteneinteilung können über das Menü **Datei → Dokument einrichten** vorgenommen werden. Dazu muss die entsprechende Musterseite aktiviert sein. Objekte der Musterseite sind auf den Dokumentseiten gesperrt. Mit der Tastenkombination ⌘⇧ und Klick auf ein Objekt können sie herausgelöst und bearbeitet werden.
❷ **Musterseite duplizieren** Die gewünschte Musterseite anklicken und im Bedienfeldmenü auf den Befehl klicken. Es entsteht eine identische Musterseite mit einem neuen Namen.

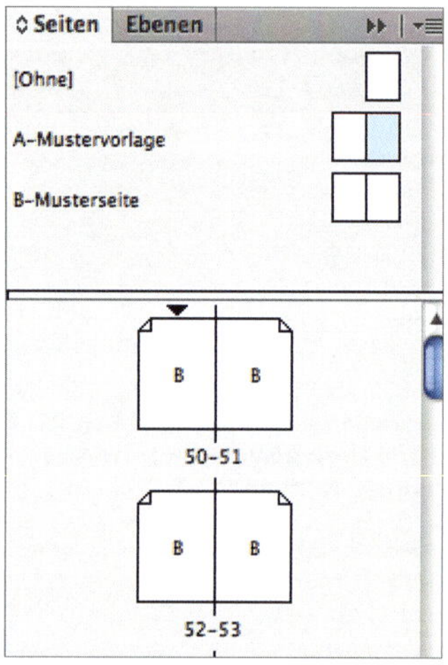

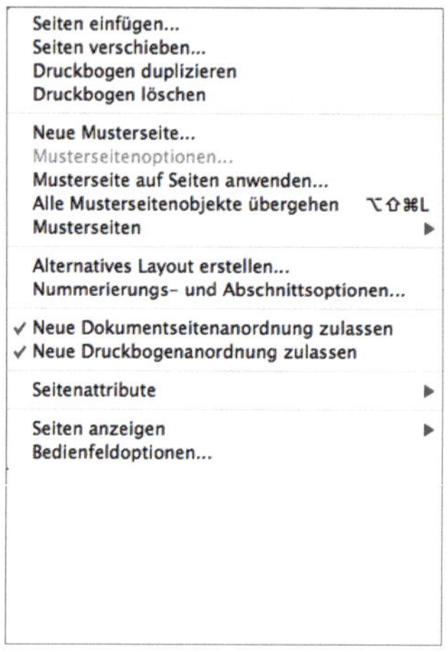

❶

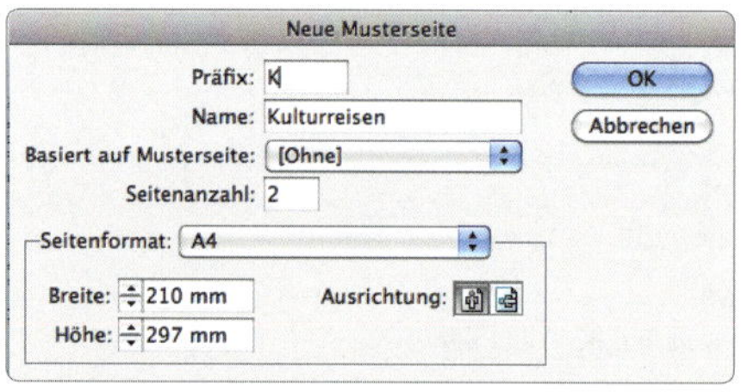

Sinnvollerweise werden Musterseiten mit der entsprechenden Funktion, z. B. einer Rubrik, bezeichnet.

❷

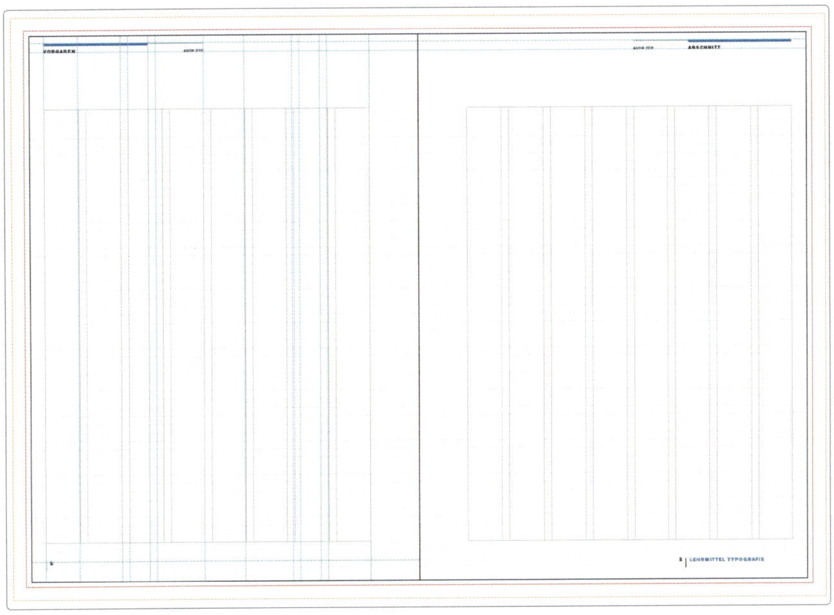

Doppelseitige Musterseite mit unterschiedlicher Einrichtung links und rechts.

❸

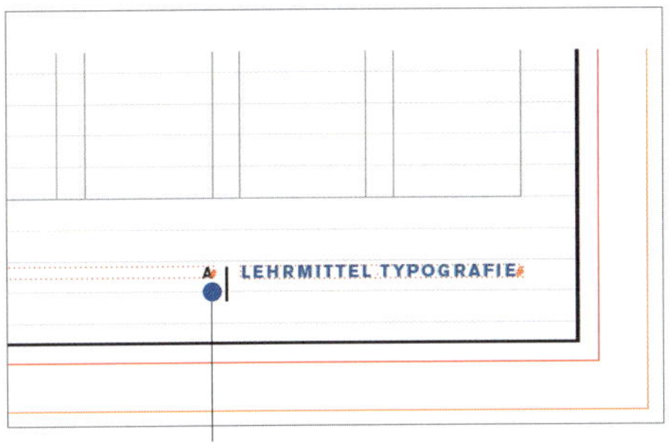

Schrift, Schriftgrad und Schriftschnitt einstellen.

❹

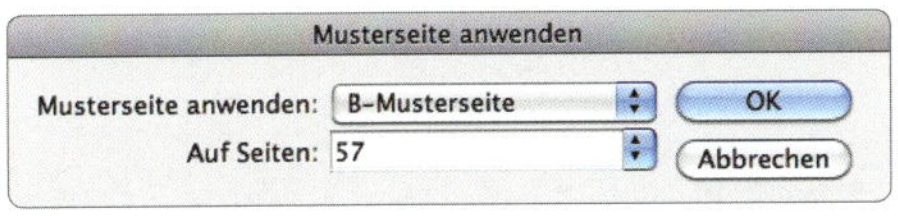

❺

❸ **Automatische Paginierung** Im Textrahmen für die Pagina wird auf der Musterseite über das Menü **Schrift → Sonderzeichen → Marken → Aktuelle Seitenzahl** oder mit dem Kürzel ⌘ ⌥ ⇧ **N** ein Platzhalter eingefügt. Ihm wird der Buchstabe des Präfixes der Musterseite (im Bild A) zugeteilt. Diesem können beliebige Stile zugeordnet werden. Die Dokumentseiten werden nun automatisch paginiert.

Dokumentseite als Musterseite Fertige Dokumentseiten können ganz einfach als Musterseiten gespeichert werden. Alle Objekte aktivieren und mit dem Befehl im Bedienfeld **Musterseiten → Als Musterseite speichern** ablegen.

❹ **Musterseiten zuordnen** Dies kann entweder manuell, durch Ziehen der Musterseite auf eine Dokumentseite oder mit dem Befehl **Musterseiten auf Seiten anwenden** erfolgen. Noch einfacher: die gewünschten Dokumentseiten anwählen und mit gedrückter ⌥-Taste die entsprechende Musterseite anklicken.

❺ **Alle Musterseitenobjekte übergehen** Mit dieser Anwendung können alle aktivierten Ojekte losgelöst werden ⌥ ⇧ ⌘ **L** (InDesign nennt das Ablösen «übergehen» oder «abtrennen»). Sie bleiben jedoch in allen Eigenschaften den Eigenschaften der Musterseitenobjekte verbunden, das heißt, Änderungen, die auf der Musterseite vorgenommen werden, werden weiterhin auf die Dokumentseiten übertragen.

Absatz- und Zeichenformate

Eine Formatvorlage ist eine Reihe von Zeichen- und Satzattributen (Schrift, Schriftgröße, Farbe und Tonwert, Einzüge, Spationierung, Grundlinienversatz und Stil, Zeilenabstand, Abstände, Ausrichtung, Sprache, Initialen, Registerhaltigkeit, Opentype-Funktionen, GREP-Stil, Satzart, Silbentrennungsart, Linien und Tabulatoren sowie weitere umbruchbezogene Befehle). Die Formate können für effizientes Arbeiten mit einem Tastaturkürzel versehen werden und sind so mit einem Tastendruck abrufbar. Absatzformate wirken sich, wie der Name sagt, auf ganze Abschnitte aus, Zeichenformate dienen zum Auszeichnen einzelner Zeichen oder Wörter innerhalb eines absatzformatierten Textes.

Absatzformate

Jedes Absatz- und Zeichenformat verfügt über ein Standardformat. Beim Absatzformat ist die Bezeichnung **[Einf. Abs.],** ❶ beim Zeichenformat **[Ohne].** Diese werden vom Programm in neu erstellten Textrahmen verwendet und können nicht gelöscht, jedoch verändert werden. Zudem gelten sie für jeden importierten Text ohne eigene Formatierung. Man sollte diese Voreinstellung generell, ohne geöffnetes Dokument, den eigenen Bedürfnissen anpassen.
Es sollte eine Schrift gewählt werden, die sich entweder im Systemordner oder in der Schriftsammlung befindet. Man wählt eine Schriftgröße zwischen 9 und 12 Punkt und eine entsprechende Zeilenschaltung. Auf Farbe, Tonwert, Spationierung, Grundlinienversatz, Einzüge, Anbinden am Grundlinienraster, Initialen, Abstände, umbruchbezogene Einstellungen sollte in vordefinierten Formaten verzichtet werden.

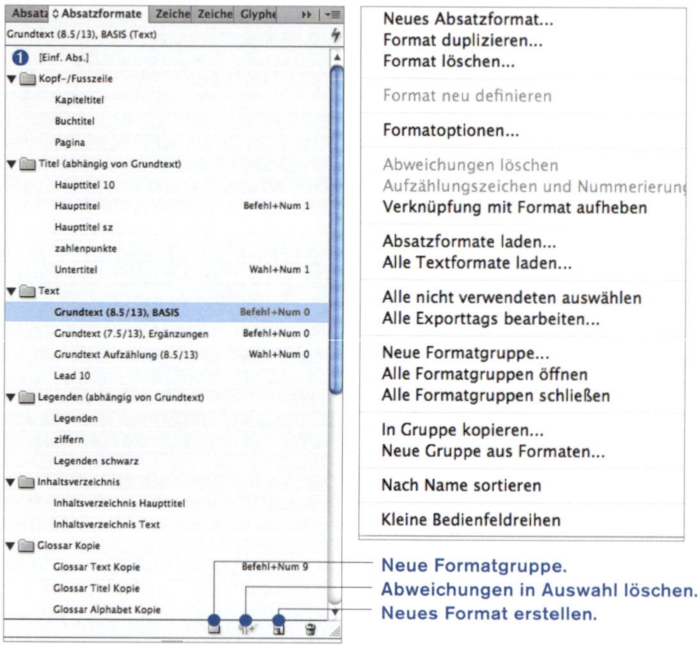

Absatzformate sollten eindeutig benannt werden. Zudem ist es sinnvoll, Formate in Formatgruppen zusammenzuführen und diese ebenfalls klar zu benennen. Bei umfassenden Arbeiten ist dies eine große Erleichterung.

Neues Format

Um ein neues Absatzformat festzulegen, wählt man ⌥ + Klick auf Symbol für «Neues Format erstellen» zuunterst im Bedienfeld oder den gleichen Befehl im Bedienfeldmenü. Hier werden die nachfolgend beschriebenen **Absatzformatoptionen** nach Bedarf eingestellt.

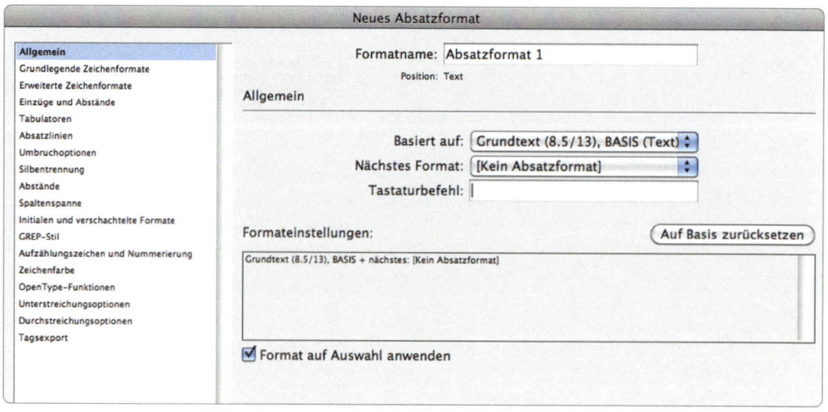

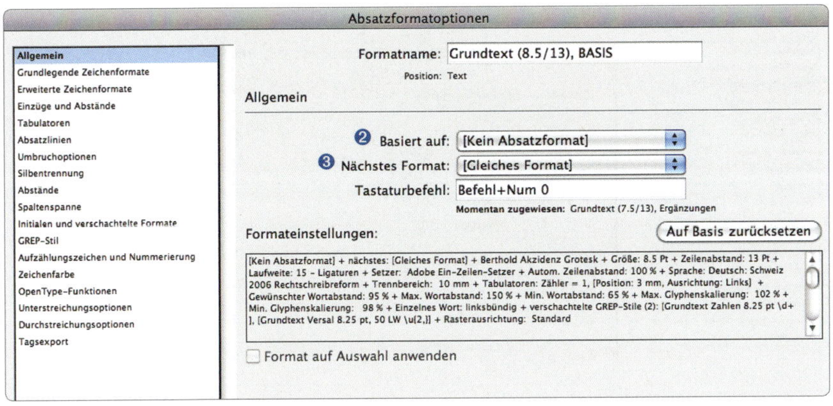

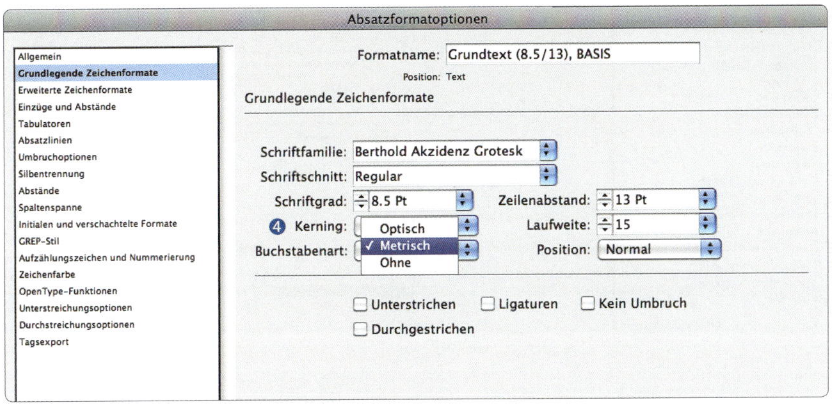

❹

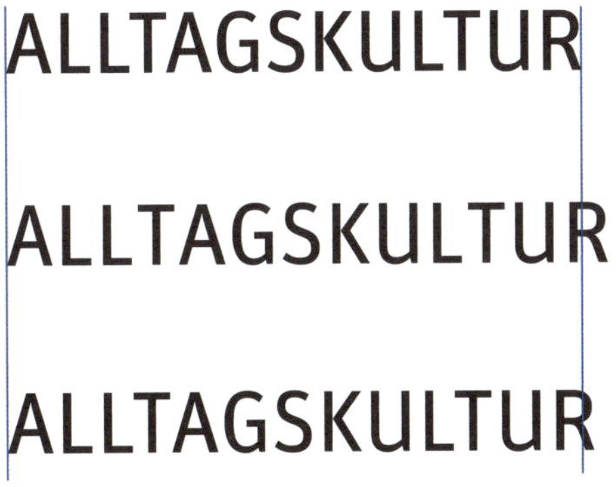

Einstellung «Optisch».

Einstellung «Ohne».

Einstellung «Metrisch».

Allgemein

❷ **Basiert auf (Vorlage)** Diese Option eignet sich für Formate, die sich sehr geringfügig voneinander unterscheiden. Ein Absatzformat eines Grundtextes z. B. dient als Vorlage, wenn ein zweites mit Einzug erstellt werden muss, sonst aber alle Einstellungen gleich bleiben. So kann man in einer Entwurfsphase ohne großen Aufwand mehrere Varianten ausprobieren.

❸ **Nächstes Format** Bei häufig wiederkehrenden Abfolgen von Textabsätzen wie etwa von einem Titelformat zu einem Lead und weiter zum Grundtext kann bei den jeweiligen Absatzformaten das folgende Format eingegeben werden.

Grundlegende Zeichenformate

Die grundlegenden Zeichenformate werden hier festgelegt. InDesign verwendet im Gegensatz zu QuarkXPress die Begriffe ❹ **Kerning** anstelle von **Unterschneidung** (Änderung des Abstandes zwischen nur zwei Zeichen) und **Laufweite** für die **Spationierung** (die Abstände zwischen allen Zeichen). Beim Kerning unterscheidet das Programm zwischen **Optisch** und **Metrisch.** Metrisch ist die Standardeinstellung und greift auf die Unterschneidungstabellen, die in guten Schriften für bestimmte Zeichenkombinationen enthalten sind, zurück. Die Einstellung «Optisch» empfiehlt sich nur in Ausnahmen, wenn zum Beispiel mehrere Schriftschnitte und Schriftgrade gemischt werden und dann die metrischen Werte nicht mehr stimmen. Bei Versaltext und im Zusammenhang mit Ziffern ergeben sich gute Ergebnisse. OpenType-Schriften verfügen jedoch über entsprechende Features wie Proportional-Ziffern, was die Verwendung der Einstellung «Optisch» wiederum erübrigt.

*Siehe Band 2, «Satztechnik», Seite 5 ff.

Erweiterte Zeichenformate

❶ Die Optionen **Horizontal** bzw. **Vertikal skalieren** beziehen sich auf die Zeichen und sollten auf 100 % eingestellt bleiben. Für Lesetexte ist eine Änderung absolut tabu. Der Grundlinienversatz erlaubt es, Texte in Punkten oder Bruchteile davon über oder unter der Schriftlinie zu versetzen.

❷ **Sprache*** Mit dieser Einstellung werden die Silbentrennung und die Rechtschreibprüfung beeinflusst.

Einzüge und Abstände

❸ **Ausrichtung**** legt die Satzmethode fest. Blocksatz: letzte Zeile linksbündig, zentriert oder alle Zeilen (erzwungener Blocksatz), Flattersatz: links, rechts oder zentriert ausgerichtet.

❹ **Einzug** definiert, wie breit der Text oder die erste Zeile links oder rechts eingezogen werden. Dient im Blocksatz vor allem zur besseren Gliederung von Absätzen.

❺ **An Raster ausrichten** Hier kann eingestellt werden, ob und wie ein Text am Grundlinienraster*** ausgerichtet werden soll.

Wird ein Absatz am Grundlinienraster ausgerichtet, hat die Zeilenschaltung des Grundlinienrasters Priorität vor dem in der Zeichenleiste definierten Zeilenabstand; zum Beispiel Zeilenabstand 12 Punkt, Grundlinienraster 13 Punkt. Der Absatz wird mit 13 Punkt Zeilenabstand gesetzt. Ist der Zeilenabstand größer als der definierte Grundlinienraster, springt die Zeile auf die nächstmögliche Grundlinie.

Die Registerhaltigkeit kann für Titel, Marginalien, Legenden usw., die mit einer anderen Zeilenschaltung gesetzt werden sollen, ausgeschaltet werden: Per Klick auf das entsprechende Symbol ❻ in der Zeichenleiste den Grundlinienraster abwählen. Nach Texteinschüben aus einer anderen Größe muss das Register wieder eingehalten werden.

*Siehe Seite 48.
**Siehe Seite 65.
***Siehe Seite 47.

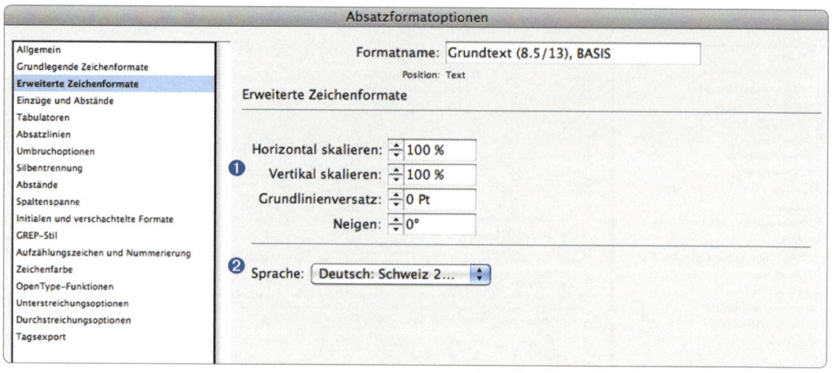

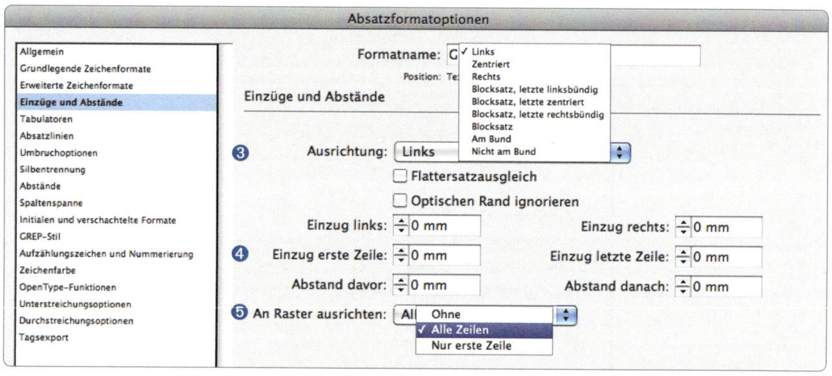

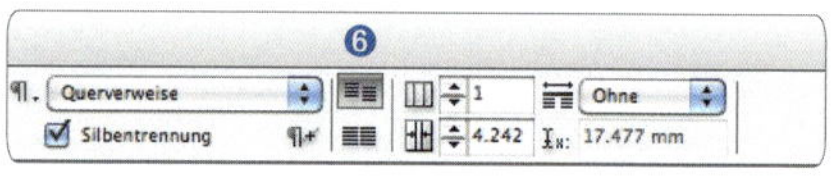

Im Steuerung-Bedienfeld kann die Registerhaltigkeit für Legenden, Titel usw. ausgeschaltet werden.

Dieser Text ist an der Grundlinie dieser Dokumentation ausgerichtet. Der Zeilenabstand des Absatzformates entspricht dem vorgegebenen Grundlinienraster in **den InDesign-Voreinstellungen.****
Wird bei aktiviertem Grundlinienraster der Zeilenabstand auf 12 pt verringert, hat dies keine Auswirkungen.

Wird der Zeilenabstand jedoch auf

13,5 pt vergrößert, springt die Zeile

auf die nächstmögliche Grundlinie.

Die Registerhaltigkeit kann für Titel, Marginalien, Legenden usw., die mit einer anderen Zeilenschaltung gesetzt werden sollen, ausgeschaltet werden.

Titel

Nach Texteinschüben mit einer anderen Zeilenschaltung, wie Titel und

Legenden und Marginalien haben in der Regel eine andere Zeilenschaltung.

Legenden, muss das Register wieder eingehalten werden.

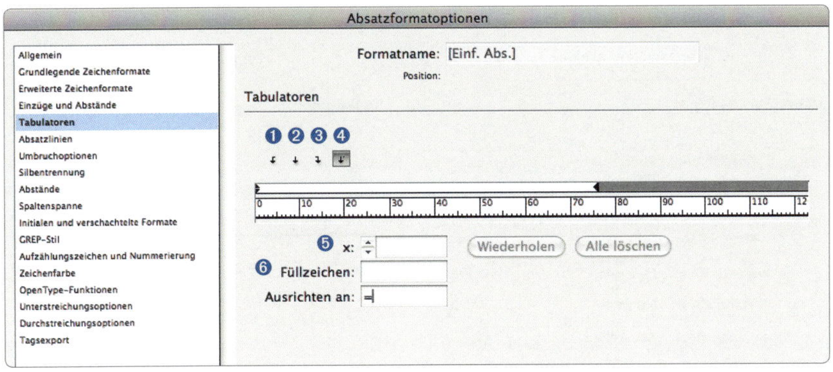

1 l	= 1 dm³
1 t	= 1 Mg
1 bar	= 105 Pa
1 a	= 10^2 m²

Tabulatoren auf ein frei wählbares Zeichen ausgerichtet.

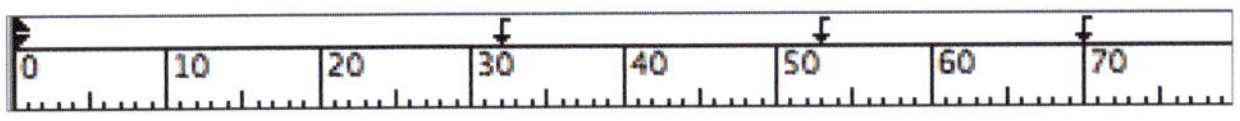

Alle Tabulatoren links.

Vielfache und Teile	Abkürzung	Vorsilbe	Symbol
1 000 000 000	10^9	Giga	G
1 000 000	10^6	Mega	M
1 000	10^3	Kilo	k
10	10	Hekto	h

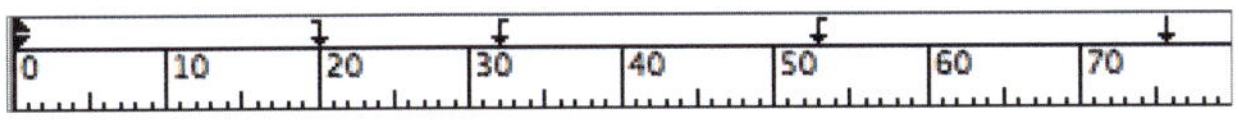

Tabulatoren rechts, links und auf Mitte.

1 000 000 000	10^9	Giga	G
1 000 000	10^6	Mega	M
1 000	10^3	Kilo	k
10	10	Hekto	h

❻ Dimension und Proportion 1
Der pythagoreische Lehrsatz. 2
Die Wurzelformat 3

Ausrichtung Tabulator rechts, Füllzeichen Punkt und Wortabstand ⌴.

Dimension und Proportion.. 1
Der pythagoreische Lehrsatz.. 2
Die Wurzelformate.. 3

Füllzeichen ohne Abstand und ohne Tabulator.

Museum für Gestaltung, Spalenvorstadt 2, Basel
Netto. Nichts als Inhalt bis 9.10.13
Fülle mit Hülle. Plakate mit Inhalt bis 18.11.13
Es fehlt an allem. Eine Mängelliste 3.12.12 bis April 13

Das Datum wurde mit dem Zeilenspaltungsbefehl ⇧ ⇥ nach rechts gestellt.

Tabulatoren

Tabulatoren sind unsichtbare Markierungen in der Zeile, mit der Aufgabe, eine präzise Ausrichtung des Textes auf der Waagrechten zu ermöglichen. Eine typische Anwendung sind tabellarische Darstellungen, aber auch verschiedene Arten von Einzügen und das Setzen von Verzeichnissen werden durch die Anwendung von Tabulatoren vereinfacht oder verbessert. Tabulatoren werden gesetzt, indem man zuerst die Ausrichtung anwählt und dann die gewünschte Position im Lineal anklickt. Tabulatoren können bei guter Arbeitsvorbereitung auch numerisch über die Tastatur eingegeben werden ❺.

Tabulatoren manuell setzen

Die Tabulatoreinstellungen können auch direkt im Textrahmen mit ⌘ ⇧ T vorgenommen werden. Beim Öffnen der Registerkarte wird ein Lineal über die Satzspalte gestellt. Es sind sechs Ausrichtungen von Satzspalten vorgesehen. Die Einstellungen betreffen nur den aktuellen Absatz.

❶ **Linksbündig** Der hinter dem Pfeil stehende Text wird links ausgerichtet.

❷ **Zentriert** Der hinter dem Pfeil stehende Text wird auf den Tabulator eingemittet.

❸ **Rechtsbündig** Der hinter dem Pfeil stehende Text endet mit der rechten Kante am Tabulator.

❹ **Dezimal oder anderes Zeichen** Der Tabulator ist für Zahlentabellen, die an einem Dezimaltrenner ausgerichtet werden sollen wie Komma oder Punkt. Das gewünschte Zeichen kann in das Eingabefeld **Ausrichten an** eingegeben werden und der hinter dem Pfeil stehende Text wird an dem Zeichen ausgerichtet.

❻ **Füllzeichen** Damit wird der Weißraum bis zur Tabulatorposition gekennzeichnet. Man erreicht damit eine schönere Auspunktierung z. B. bei Inhaltsverzeichnissen.

Zeilenspaltung

Sollen zwei Begriffe, Satzteile oder Wörter in der Satzspalte nach links und nach rechts oder nur nach rechts gestellt werden, kann dies auch ohne Tabulator mit der Zeilenspaltung bewirkt werden. Zeilenspaltung = ⇧ ⇥

Hängender Einzug mit Tabulator

❶ Der hängende Einzug wird meistens in Zusammenhang mit Ziffern, Halbgeviertstrichen oder Punkten bei Aufzählungen angewendet. Die erste Zeile mit der Ziffer steht auf der linken Satzkante, der Textbeginn und die folgenden Zeilen auf einem im Formate-Menü und mit Tabulator definierten Einzug. Nach dem Absatzende (¶) springt der Zeilenbeginn wieder auf die Satzkante zurück. Will man eine neue Zeile beginnen, aber die Einzugsposition beibehalten, muss die Zeile mit einem weichen Zeilenende (↩) beendet werden.

Hängender Einzug mit «Einzug bis hierhin»

Über das Menü **Schrift → Sonderzeichen → Andere → Einzug-bis-hierhin** kann man an einer beliebigen Position einen Negativ-Einzug definieren oder mit dem Befehl ⌘ ^ (D).
Alle folgenden Zeilen werden auf diese Position eingezogen. Erst mit Absatzende (¶) wird der Einzug aufgehoben.

Will man die Position des **Einzug-bis-hierhin** in einem nachfolgenden Absatz wiederverwenden, setzt man zusätzlich einen Tabulator. Mit dem Tabulator springt der einzuziehende Text auf die gewünschte Position. Will man eine neue Zeile auf der Position des Einzugs beginnen, muss die Zeile mit einem weichen Return abgeschlossen werden, Befehl ⇧↩.

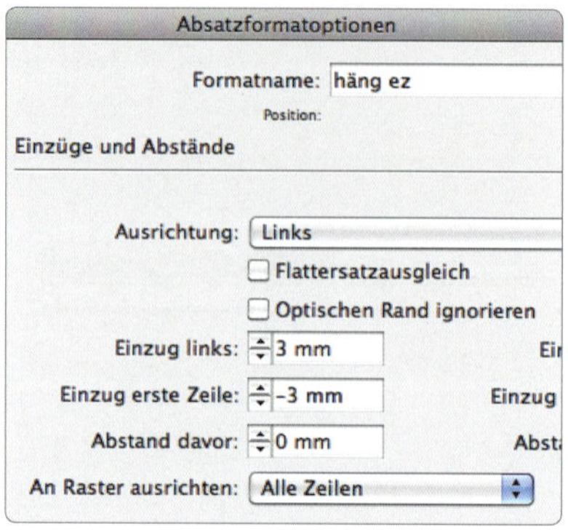

Linken Einzug wählen. Damit die erste Zeile einer Aufzählung wieder an die linke Satzkante ausgerückt wird, muss ein negativer Einzug für die erste Zeile definiert werden, der dem linken Einzug entspricht.

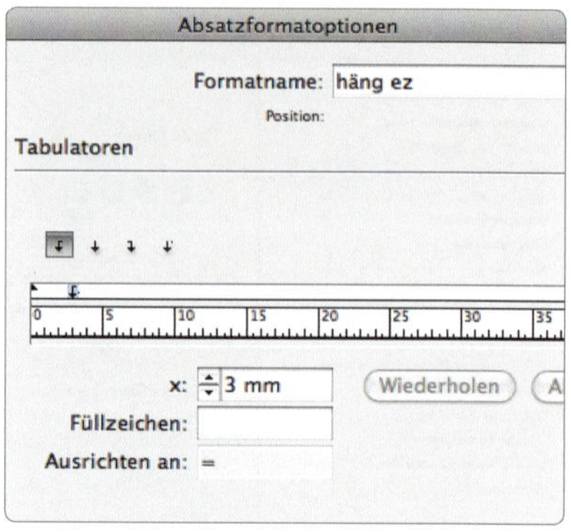

Beim Tabulator muss der gleiche Wert wie beim Einzug links eingegeben werden.

❶

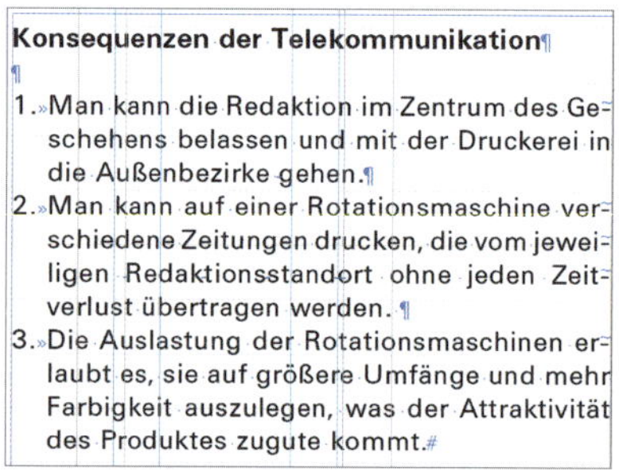

Konsequenzen der Telekommunikation

1. Man kann die Redaktion im Zentrum des Geschehens belassen und mit der Druckerei in die Außenbezirke gehen.
2. Man kann auf einer Rotationsmaschine verschiedene Zeitungen drucken, die vom jeweiligen Redaktionsstandort ohne jeden Zeitverlust übertragen werden.
3. Die Auslastung der Rotationsmaschinen erlaubt es, sie auf größere Umfänge und mehr Farbigkeit auszulegen, was der Attraktivität des Produktes zugute kommt.

Nach der Aufzählungsziffer oder dem Halbgeviertstrich muss ein Tabulator gesetzt werden.

❷

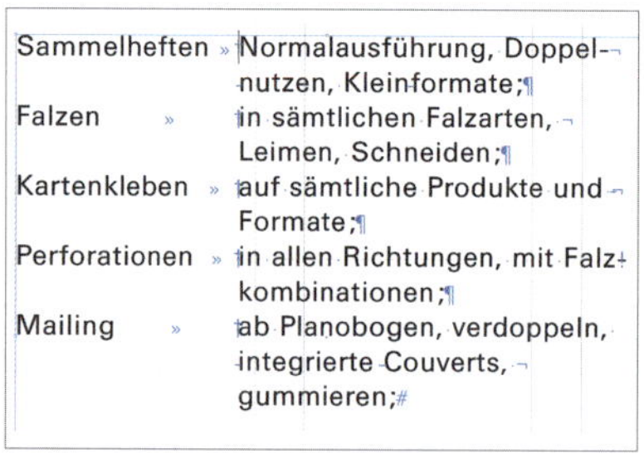

Sammelheften	Normalausführung, Doppelnutzen, Kleinformate;
Falzen	in sämtlichen Falzarten, Leimen, Schneiden;
Kartenkleben	auf sämtliche Produkte und Formate;
Perforationen	in allen Richtungen, mit Falzkombinationen;
Mailing	ab Planobogen, verdoppeln, integrierte Couverts, gummieren;

Mit «Einzug-bis-hierhin» und Tabulator kann der Einzug auf die längste Zeile einer Aufzählung ausgerichtet werden, damit der Tabulator nicht auf jeder Zeile wieder neu gesetzt werden muss.

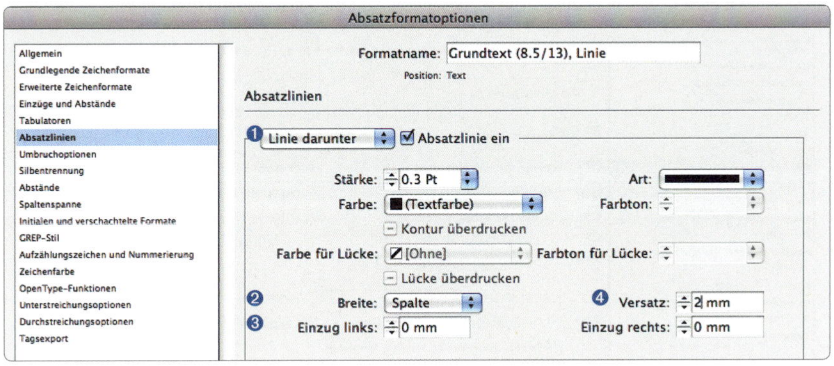

Absatzlinien

➊ **Linie darüber/darunter** eignet sich vor allem für ganze Abschnitte, Titelauszeichnungen und Tabellensatz. Im Gegensatz zu den Linien, die mit dem Linienwerkzeug gezeichnet werden, verschieben sich die mitlaufenden Linien mit, wenn am Text etwas geändert wird.

➋ **Breite** Die Eingabe bestimmt, ob die Linie über die Spaltenbreite oder über die Textbreite verläuft.

➌ **Einzug links/rechts** Sollen Texte auf **Negativbalken** versetzt werden, müssen die Einzüge für die Linie sowie für den Text in den entsprechenden Optionen eingestellt werden.

➍ **Versatz** bezieht sich auf den Abstand der Schriftlinie bis zum Beginn einer Linie.

➊

Datum
Liefertermin
Kontaktperson
Adresse
Telefon

Der Abstand (Versatz) bezieht sich auf den Abstand von der Schriftlinie bis zur Linie darüber.

Datum
Liefertermin
Kontaktperson
Adresse
Telefon

Der Abstand (Versatz) bezieht sich auf den Abstand der Schriftlinie bis zum Beginn der Linie darunter.

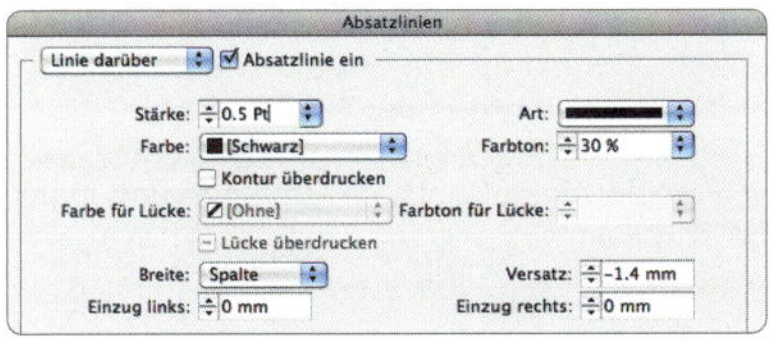

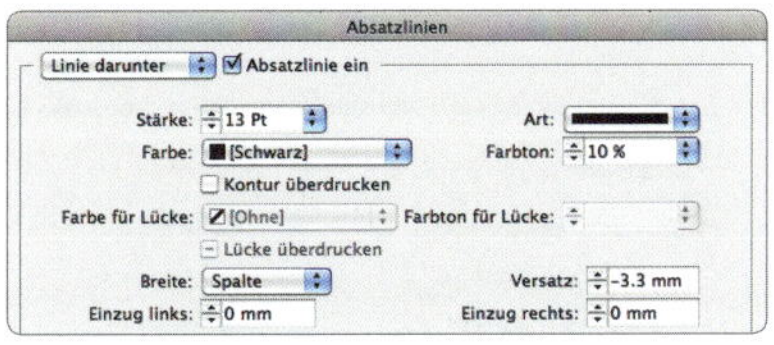

➌

Negativbalken

Negativbalkentitel

Friedrich Kuhn, der in seinem kurzen Leben kaum über die Schweizer oder die Zürcher Grenzen hinauskam, ließ sich weder künstlerisch noch als Privatperson je ein- und schon gar nicht unterordnen. Besonders suspekt waren dem programmatischen Verweigerer die tonangebenden Zürcher Konkreten, allen voran Übervater Max Bill.

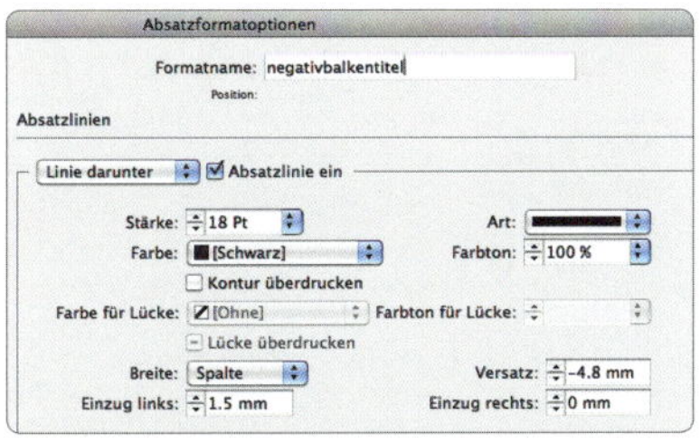

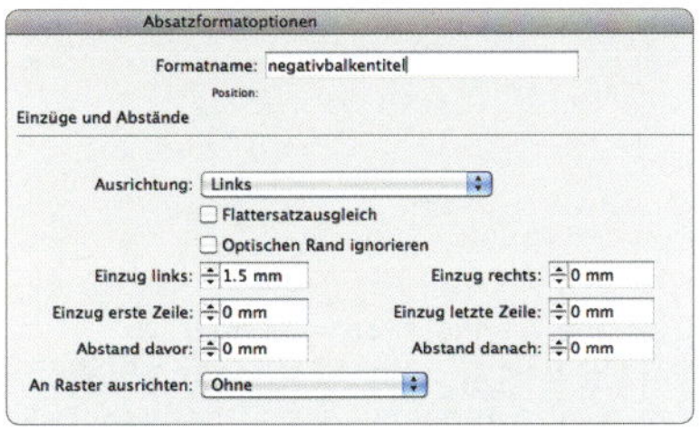

Um zu verhindern, dass der Textanfang mit dem Balkenanfang korrespondiert, ist ein Negativeinzug links von 1,5 mm für die Linie eingestellt. Damit der Balken nicht über die Spaltenbreite hinausläuft, muss der Text mit einem Einzug um diesen Wert unter «Einzüge und Abstände» voreingestellt werden.

Silbentrennung

Das Trennprogramm für die Silbentrennung arbeitet nach vorgegebenen Algorithmen der jeweilig eingestellten Sprache (siehe Seite 48 → Wörterbuch).

❶ **Silbentrennung** Immer anwählen, Ausnahmen: Flattersatz, der «manuell» ausgeschlossen wird, und Titelsatz.

❷ **Wörter mit mindestens** Je weniger Buchstaben pro Zeile, je kleiner ist das kleinste Wort zu wählen.

❸ **Kürzeste Vorsilbe** Da die deutsche Sprache viele Vorsilben kennt, ist es sinnvoll, 2 Buchstaben zu wählen, da sonst diese Vorsilben nicht abgetrennt werden können.

❹ **Kürzeste Nachsilbe** Bei genügender Anzahl Buchstaben pro Zeile sollte man hier 3 Buchstaben eingeben, um unschöne Endungen zu vermeiden.

❺ **Maximale Trennstriche** Diese Einstellung ist direkt abhängig von der Anzahl Buchstaben pro Zeile. Nur bei einer idealen Satzbreite gibt man maximal 3 bis 4 Trennungen in Folge ein, sonst entstehen zu große Wortzwischenräume.

❻ **Trennbereich** Diese Eingabe wird nur bei Text im Flattersatz angewendet. Der hier eingegebene Wert in Millimeter bezieht sich auf den Bereich, in dem das Programm trennt. Das vorhergehende Wort muss vor der Trennzone zu Ende sein, oder es muss eine akzeptable Trennmöglichkeit des Wortes geben, sonst wird das ganze Wort auf die neue Zeile genommen.*

❼ **Großgeschriebene Wörter trennen** Muss selbstverständlich angewählt sein, weshalb sollte man auch großgeschriebene Wörter nicht trennen?**

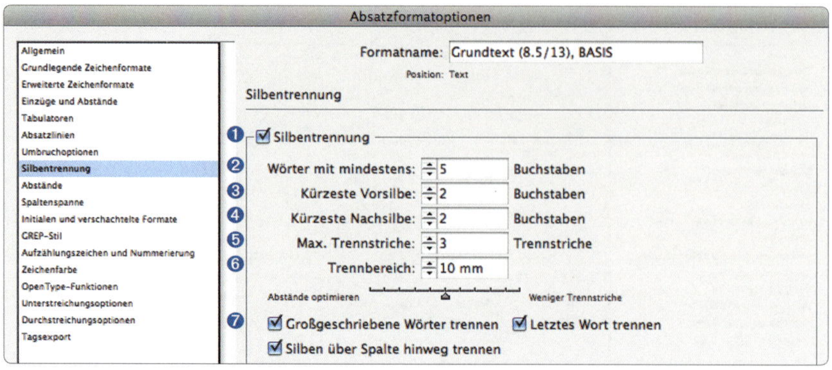

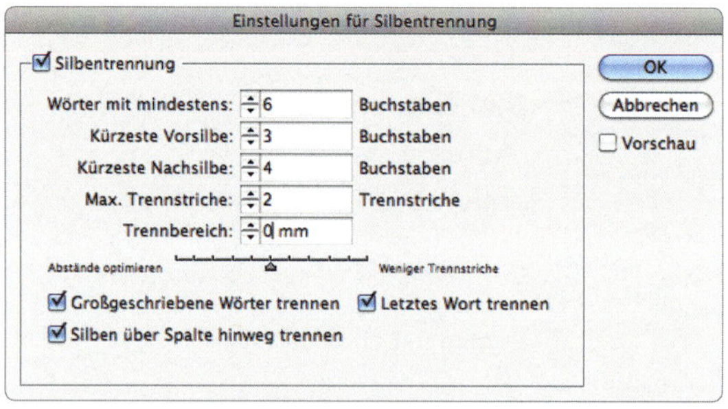

Vorschlag für einen optimalen Trennmodus nach typografischen Trennregeln (siehe Seite 24) bei genügend Wortzwischenräumen (mindestens 8) oder Zeichen (mindestens 50) pro Zeile.

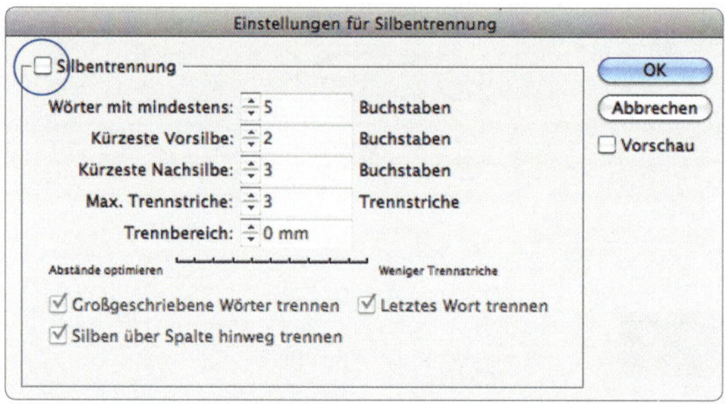

Vorschlag für Titelsatz: Silbentrennung deaktivieren, so werden schon viele hässliche Trennungen eliminiert.

Manuelle Eingriffe

Die Anzahl und die Qualität der Trennungen sind direkt abhängig von der Anzahl Buchstaben pro Zeile und den Einstellungen. Auch wenn die Einstellungen optimal gewählt sind, ist es manchmal notwendig einzugreifen, um grammatisch oder typografisch richtige Trennungen oder einen schönen Flattersatz zu erwirken.

Gewollte Trennstellen = ⌥⌘- (Divis)
Um ein Wort an einer bestimmten Stelle zu trennen, kann ein Trenngebot eingefügt werden. Nach Einfügen dieses Trenngebots kann ein spezielles Wort nur noch an dieser Stelle getrennt werden. Zum Beispiel Ur-insekt. Eine Trennung nach «in» ist nicht mehr möglich.

Bedingter Trennstrich/Trennverbot = ⌘⇧- (an gewünschter Trennstelle bzw. direkt vors Wort)
Soll ein Wort an einer gewünschten Stelle getrennt werden, die aber bei einem Neuumbruch wieder aufgelöst werden soll, ganz auf die nächste Zeile zu stehen kommen, oder darf es gar nicht getrennt werden, muss die bedingte Trennfuge an der bestimmten Stelle bzw. direkt vor das Wort gesetzt werden.

Weiches Zeilenende = ⇧ ↵ bzw. ⇧ ↵ -
Soll eine Zeile beendet oder ausgeschlossen werden, ohne dass irgendwelche Absatzbefehle aktiv werden, oder funktioniert die oben beschriebene Methode für bedingte Trennstellen nicht, muss das weiche Zeilenende (beim Trennen zusätzlich mit Divis) angewendet werden.

*Siehe Band 2, «Satztechnik», Seite 42.
**Gilt nicht für Englisch.

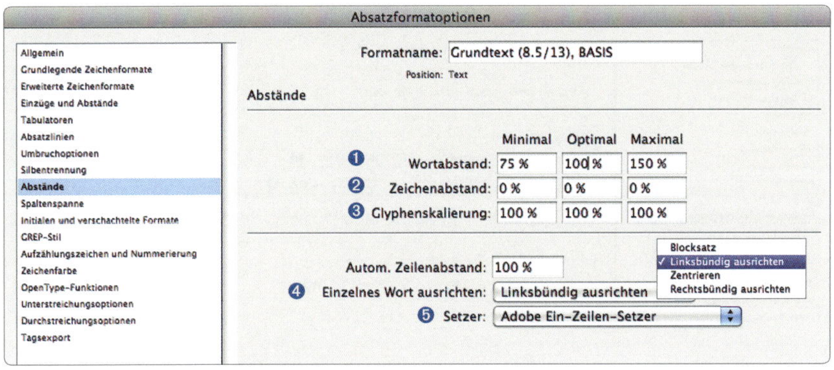

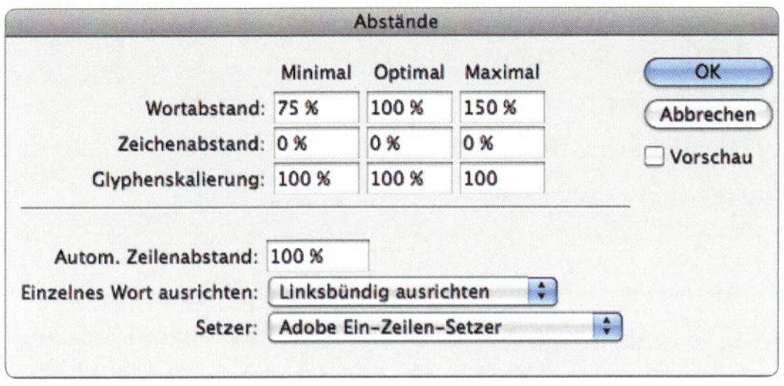

Vorschlag für eine optimale Einstellung der Wortabstände für eine normale Spaltenbreite bei mindestens 50 Zeichen pro Zeile (gilt nur für die deutsche Sprache).

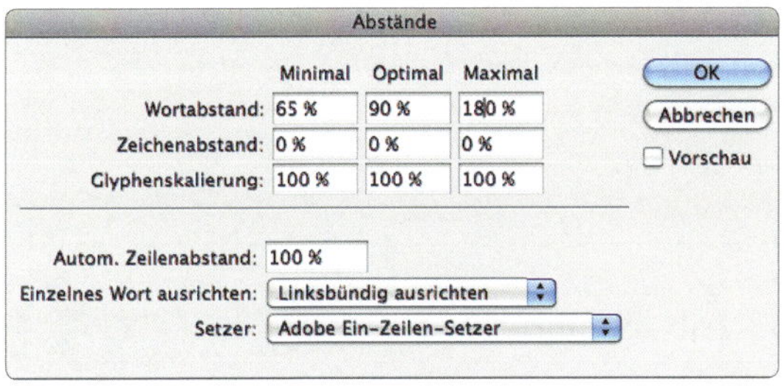

Vorschlag für eine optimale Einstellung bei schmalen Spalten.
Mit verringertem minimalen und optimalem Wortzwischenraum sowie erhöhtem Maximal-Wert können oft Ausgangszeilen noch eingebracht werden, wo dies Umbruchregeln erfordern.

❹ Kuhn, der Unangepasste, genoss gerade deshalb in den von der Rebellion beseelten Sechzigerjahren die Bewunderung von Künstlerfreunden wie Paul Nizon, dem bekanntesten seiner Weggefährten. «In dem Monster steckte ein überaus verletzlicher Feinling» und ein «fürchterlich versteckter Mensch» sei er gewesen, der sowohl im Gespräch wie in seinen Bildern alles mit «Abschweifungen, Füllseln, Rankenwerk und Wucherungen» ausgefüllt und verunklart habe. Kuhns halsbrecherischer Balance-Akt zwischen Traum und Wirklichkeit hat ein beeindruckend authentisches Œuvre hinterlassen.

Kuhn, der Unangepasste, genoss gerade deshalb in den von der Rebellion beseelten Sechzigerjahren die Bewunderung von Künstlerfreunden wie Paul Nizon, dem bekanntesten seiner Weggefährten. «In dem Monster steckte ein überaus verletzlicher Feinling» und ein «fürchterlich versteckter Mensch» sei er gewesen, der sowohl im Gespräch wie in seinen Bildern alles mit «Abschweifungen, Füllseln, Rankenwerk und Wucherungen» ausgefüllt und verunklart habe. Kuhns halsbrecherischer Balance-Akt zwischen Traum und Wirklichkeit hat ein beeindruckend authentisches Œuvre   hinterlassen.

Die Einstellung «Einzelnes Wort ausrichten: Blocksatz» ist so nicht brauchbar.

Abstände

❶ Wortabstand:

Minimal Ein Wert von 75 % bedeutet, dass der Zwischenraum um 25 % verringert werden darf.

Optimal 100 Prozent = 250 Einheiten = Viertelgeviert (1 Geviert = 1000 Einheiten). Erfordert eine Schrift einen anderen Wert, zum Beispiel extrem breit laufende mit weiten Punzen oder schmalfett mit großer Mittellängenhöhe, muss der Wert von 100 Prozent verändert werden. Entsprechend muss man natürlich auch die minimalen und die maximalen Abstände anpassen.*

Maximal Ein Wert von 150 % bedeutet, dass der zusätzliche Raum von 50 % des Wortabstandes zugelassen wird.

❷ Zeichenabstand Die Zeichenabstände sollen auf 0 Prozent eingestellt sein. Die Laufweite der Schrift korrigiert man in der Absatzformatoption «Grundlegende Zeichenformate».

❸ Glyphenskalierung Die Werte lässt man am besten bei 100 Prozent. Hier können die Zeichen skaliert werden, um einen besseren Blocksatz zu ermöglichen. Minimalwerte sind allerdings von Auge kaum zu erkennen.

❹ Einzelnes Wort ausrichten definiert, wie sich ein einzelnes Wort in der Blocksatzzeile verhält. InDesign bietet verschiedene Varianten wie linksbündige, rechtsbündige, zentrierte Ausrichtung an. Die Einstellung «Blocksatz» sollte nie verwendet werden, weil das Einzelwort oder die Ausgangszeile auf die Spaltenbreite ausgetrieben wird, was typografisch nicht vertretbar ist.

❺ Absatz- und Ein-Zeilen-Setzer Hier sollte standardmäßig der Ein-Zeilen-Setzer** eingestellt sein. Der Absatz-Setzer versucht, den Weißraum jeder Zeile automatisch zu verteilen, um einen möglichst regelmäßigen Grauwert zu erzielen. Allerdings führt dies bei manuellen Eingriffen wie Korrekturen zu unkontrollierten Umbruchänderungen eines ganzen Absatzes, was mit enormem Zeitaufwand bei der Kontrolle verbunden ist.

*Siehe Band 2 «Satztechnik», Seite 38 ff.
**Siehe Band 2 «Satztechnik», Seite 50.

Initialen

Um ein oder mehrere Initialzeichen zu setzen, können im Register «Initialen und verschachtelte Formate» die Anzahl Zeilen, über welche der Initial laufen soll, die Anzahl Zeichen sowie der Schriftschnitt angegeben werden. Den Schriftschnitt und die eventuelle Farbe für den Initial zuerst in einem Zeichenformat einstellen, damit es unter «Zeichenformat» ❶ aufgerufen werden kann.

❷ **Linke Kante ausrichten** Hier wird der Initial an den linken Textrahmenrand gestellt, d. h., die durch den großen Schriftgrad bedingte Vorbreite wird eliminiert.

Siehe Band 1, «Typografische Grundlagen», Seite 43.

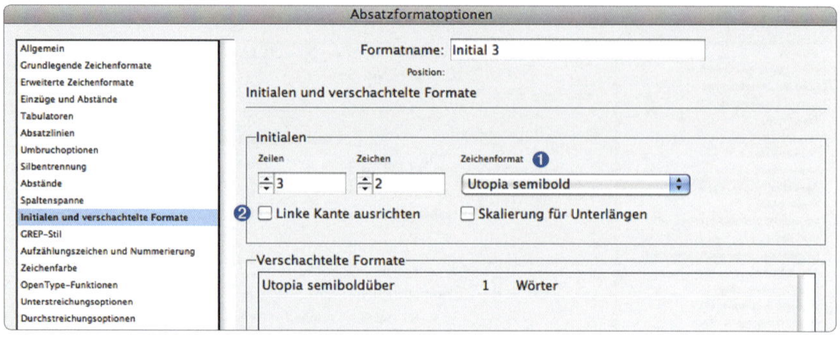

❷ Kuhn, der Unangepasste, genoss gerade deshalb in den von der Rebellion beseelten Sechzigerjahren die Bewunderung von Künstlerfreunden wie Paul Nizon, dem bekanntesten seiner Weggefährten. «In dem Monster steckte ein überaus verletzlicher Feinling» und ein «fürchterlich versteckter Mensch» sei er gewesen.

Weggefährten: «In diesem Monster steckt ein überaus verletzlicher Feinling» und ein «fürchterlich versteckter Mensch» sei er gewesen, der sowohl im Gespräch wie in seinen Bildern alles mit «Abschweifungen, Füllseln, Rankenwerk und Wucherungen» ausgefüllt und verunklart habe. Kuhns halsbrecherischer Balance-Akt zwischen Traum und Wirklichkeit hat ein beeindruckend authentisches Œuvre hinterlassen.

Initial mit optischem Randausgleich: Eingabe Anzahl Zeichen: 2 (1 Leerschlag + 1 Initialbuchstabe). Den Leerschlag aktivieren und mit Befehl ⌥ ← unterschneiden, bis der Initial richtig steht.

Verschachtelte Formate

Wenn bei einem Text mit immer wiederkehrender Struktur verschiedene Zeichenformate auf der gleichen Zeile zur Anwendung kommen, wäre es mühsam, diese manuell anzuwenden. Deshalb kann in einem Absatzformat ein verschachteltes Format definiert werden, welches dann jede Zeile automatisch formatiert.

❶ Zuerst werden die einzelnen Zeichenformate definiert, danach kann ein Absatzformat (1 Zeile) ❷ mit einem verschachtelten Format für diese erste Zeile eingestellt werden. Mit der Funktion ❸ «Neues verschachteltes Format» müssen alle drei Zeichenformate geladen werden.

Im unten stehenden Beispiel ❹ einer Liste mit der sich wiederholenden Struktur werden noch die Absatzformate der Zeilen 2 und 3 definiert.

❶ SA, 14. 6. 08, 22.00, 18.- / ab 18 Jahren

SA, 14. 6. 08, 22.00, 18.– / ab 18 Jahren

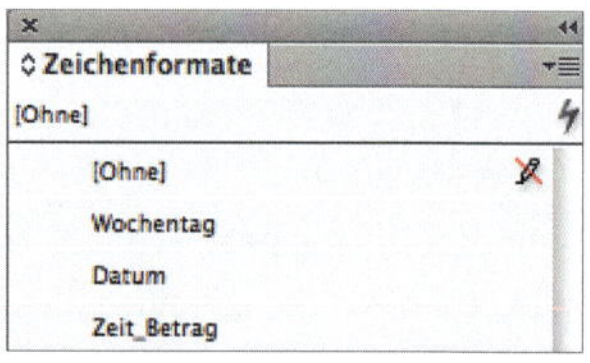

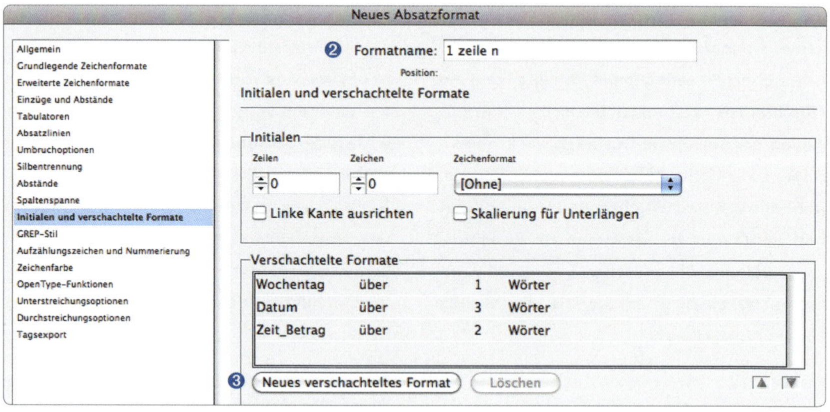

❹ SA, 14. 6. 08, 22.00, 18.– / ab 18 Jahren

SMELLS LIKE TWEN SPIRIT

Mash up the 90s!

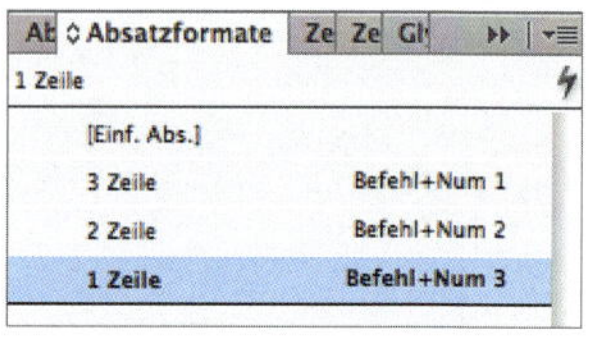

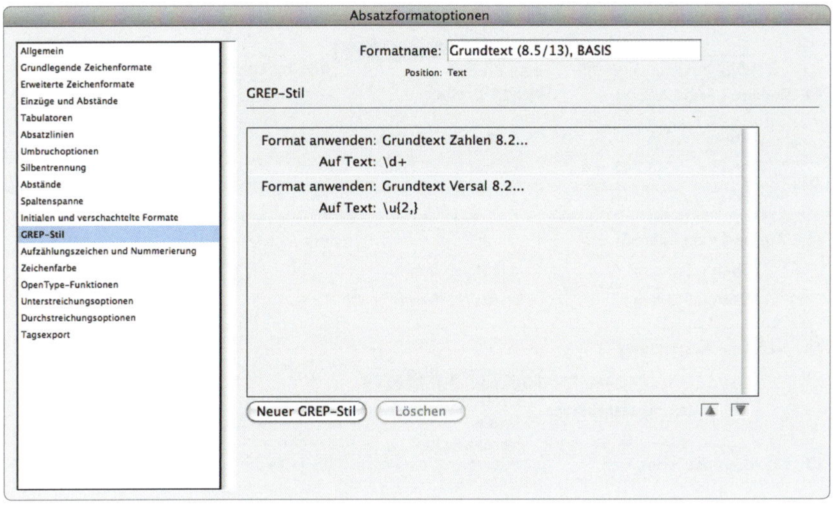

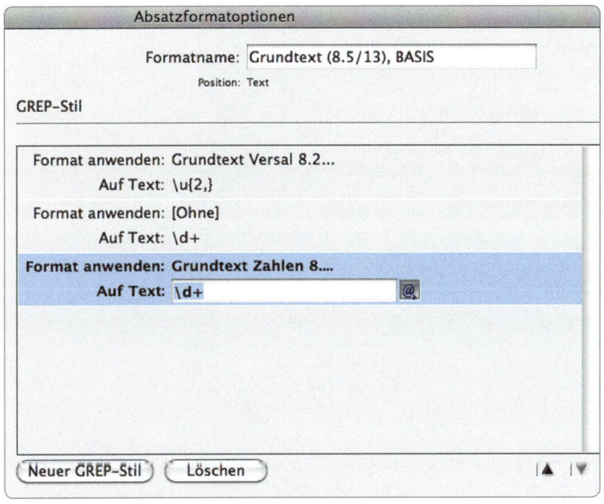

Anlegen eines neuen GREP-Stils.

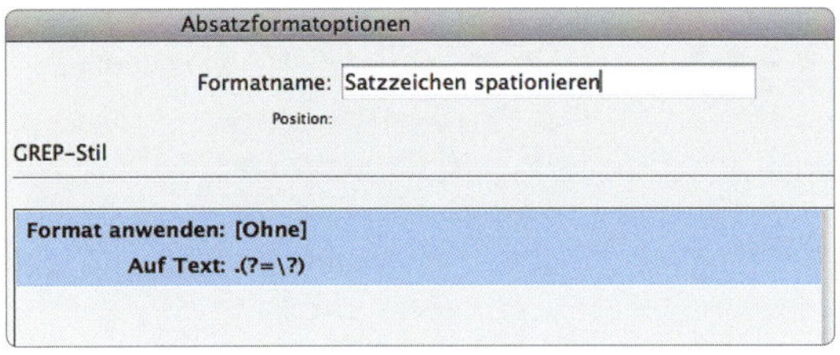

Beispiel zum Spationieren von Fragezeichen: .(?=\?)

.	sucht beliebiges Zeichen, das zu formatieren ist
(?=)	(Positives Lockhead) findet ein Zeichen nur, wenn darauf wie in diesem Fall ein Fragezeichen folgt
\?)	sucht ein Fragezeichen

GREP findet jedes beliebige Schriftzeichen, dem ein Fragezeichen folgt, und weist ihm dann das Zeichenformat mit der erhöhten Laufweite zu.

GREP-Stil

Für die Formatierung von Textteilen in umfangreichen Publikationen ist die Verwendung von GREP-Stilen eine sehr effiziente Methode. Was sonst in aufwändiger Kleinstarbeit mit manuellem Anklicken der Textteile und dem gewünschten Zeichenformat erreicht wird, kann mit den GREP-Stilen vollautomatisiert werden.
Im Gegensatz zur Funktion «Suchen/Ersetzen» die ebenfalls eine Verwendung von GREP beinhaltet, die vor allem der Textsuche und dem Textaustausch dient, können in den GREP-Stilen bestimmte Formatierungsvorgaben von Zeichen- oder Absatzformaten implementiert werden.
Für den Grundtext dieser Broschur wurden die Schriftgröße und die Laufweite von Versalwörtern oder -zeichen (mind. 2 Zeichen) und Ziffern in Zeichenformaten so formatiert, dass sie mit einem um einen Viertel kleineren Schriftgrad versetzt werden.
Im Absatzformat des Grundtextes wird dazu im Feld GREP-Stil je ein neuer GREP-Stil für die Zahlen und die Versalwörter angelegt und das zuvor erstellte entsprechende Zeichenformat zugewiesen. Bei der Verwendung des Absatzformates Grundtext werden nun alle Ziffern oder Versalwörter/-zeichen ganz automatisch richtig versetzt.

Textrahmenoptionen

Nebst dem Dokumentraster können für Textrahmen jeweils individuelle Spalteneinteilungen und Grundlinienraster definiert werden, was bei Zeitschriften oder Büchern mit vielen Kästchen, Marginalien, Tabellen usw. sehr praktisch ist.

Allgemein

❶ **Spalten** Die Anzahl Spalten innerhalb eines Textrahmens kann mit drei verschiedenen Optionen festgelegt werden. Beim Ändern der Rahmenbreite verändert sich bei «Feste Anzahl» die Spaltenbreite (sofern keine Breite in mm definiert wurde), bei «Feste Breite» die Anzahl, und mit «Flexible Breite» kann die Spaltenbreite mit einem Maximalwert definiert werden, sodass sich die Anzahl automatisch erhöht. Eine feste Anzahl kann dann nicht mehr eingegeben werden.

❷ **Abstand zum Rahmen** Darauf achten, dass der Textabstand auf 0 mm eingestellt ist. Diese Einstellungen nur für spezielle Anwendungen ändern.

❸ **Vertikale Ausrichtung** Bestimmt die Platzierung des Textes innerhalb des Rahmens. Bei der Voreinstellung immer «Oben» wählen.

❹ **Textumfluss ignorieren** Wenn die Option aktiviert ist, wird der Text über einem auf Umfließen eingestellten Bild nicht verdrängt.*

Grundlinienoptionen

❺ **Erste Grundlinie** Der Versatz kann unter Berücksichtigung von Oberlänge**, Versalhöhe, Zeilenabstand, x-Höhe oder «Fester Wert» gewählt werden. Unter «Fester Wert» wird die Grundlinie an der oberen Rahmenkante ausgerichtet. In Verbindung mit dieser Option kann unter «Min:» ein zusätzlicher Abstand in mm gewählt werden.

*Siehe Seite 45.
**Siehe Band 1, «Typografische Grundlagen», Seiten 17, 25 und 26.

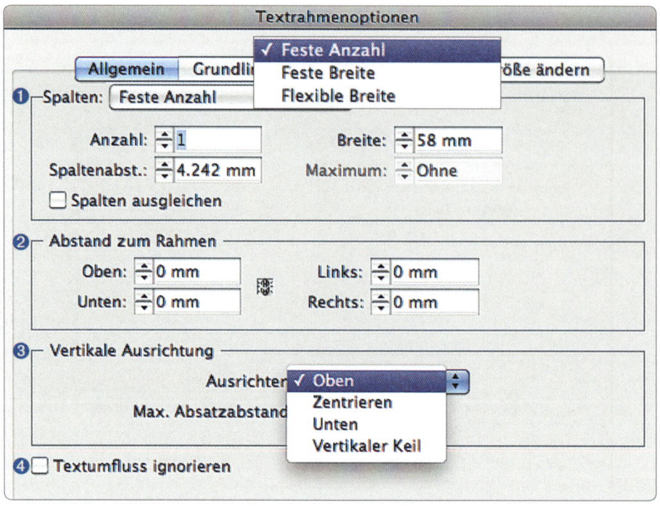

«Objekt → Textrahmenoptionen» oder mit Befehl ⌘ B.

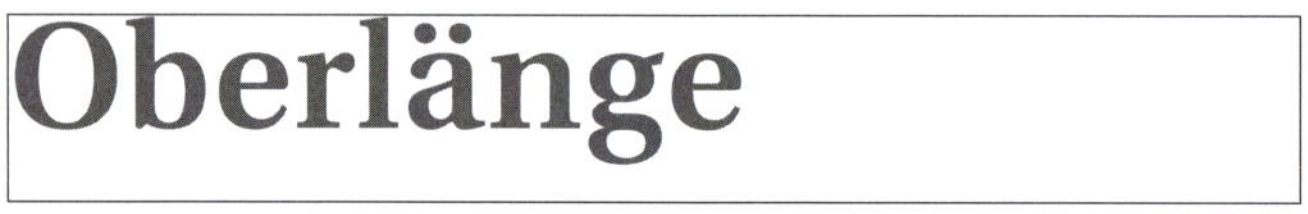

Einstellung Oberlänge.

Einstellung Versalhöhe.

Einstellung Zeilenabstand.

Einstellung x-Höhe.

Einstellung Fester Wert.

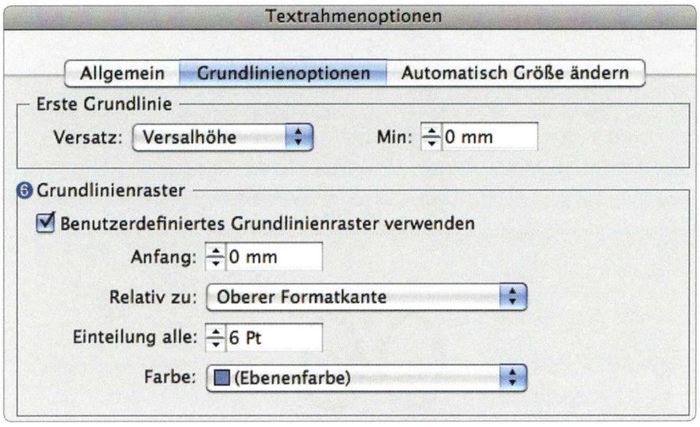

❼

Relativ zu:
Oberkante des Endformats.
Oberkante des Satzspiegels.
Oberkante des Textrahmens.
Dadurch wird die Grundlinie um den Wert, welcher unter dem Register «Allgemein» eingegeben wurde, verschoben.

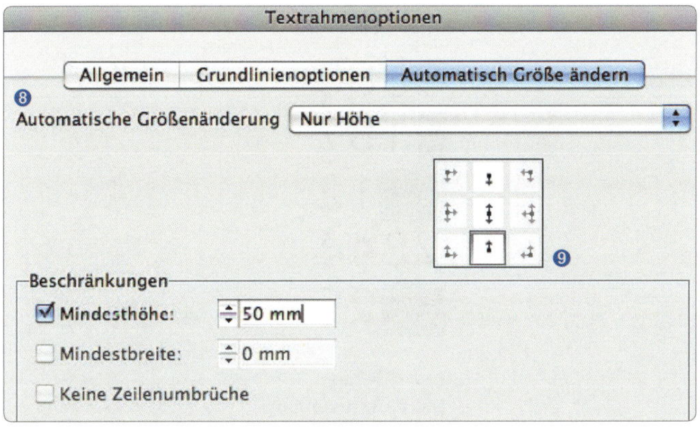

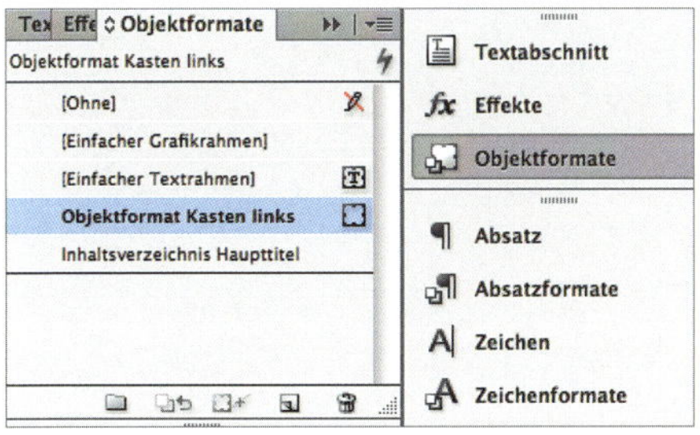

Müssen mehrere Textrahmen mit unterschiedlichen Rahmeneigenschaften erstellt werden, empfiehlt es sich, die Einstellungen als Objektformat, analog einem Absatzformat, zu speichern.

❻ **Grundlinienraster** Um einen vom Dokumentraster losgelösten Grundlinienraster zu definiern, muss «Benutzerdefiniertes Grundlinienraster verwenden» aktiviert sein. Unter der Einstellung **Relativ zu** befinden sich im Gegensatz zum Dokumentraster zwei weitere Optionen ❼. Wenn bei einem aktivierten Textrahmen der Dokumentraster dahinter nicht sichtbar ist, vefügt er über einen eigenen Grundlinienraster.

Automatisch Größe ändern

❽ **Automatische Größenänderung** bietet große Flexibilität bei Layoutanpassungen, z. B. von Hoch- zu Querformat oder bei Textmengen-Änderungen. So kann der Startpunkt ❾ für eine automatische Größenänderung sowie Mindesthöhe und -breite eines Textrahmens definiert werden.
Bei verknüpften Texten in gleichen oder verschiedenen Dokumenten ist dies sehr vorteilhaft, da Textrahmen nicht manuell angepasst werden müssen.

Geviert

❶ **Geviert*** In InDesign ist das Geviert in 1000 Einheiten aufgeteilt. Es bildet die Grundlage zur Bemessung von Zeichen- und Wortabständen, von Leerräumen und Leerraumzeichen sowie das Maß für das Kerning und die Schriftlaufweite.
Das Geviert entspricht der (virtuellen) Kegelhöhe (Bleisatz-Geviert) eines Buchstabens oder einer Ziffer, also dem Schriftgrad, der auf die Breite umgelegt wird.
Bei einem Schriftgrad von 12 pt entspricht ein Viertelgeviert einer Breite von 3 pt.
❷ **DTP-Geviert*** Bei QuarkXPress gibt es neben dem klassischen Geviert (Standard-Geviert) noch das so genannte DTP-Geviert (aktiv, wenn Standard-Geviert nicht aktiviert ist). Es entspricht der Breite von zwei Ziffern der jeweiligen aktuell verwendeten Schrift. So ändert die Breite eines Gevierts je nach Schriftschnitt.
Für Tabellensatz in QuarkXPress empfiehlt es sich daher, das DTP-Geviert zu wählen, da die numerischen Ziffern der meisten normalen Schriften auf einem Halbgeviert stehen und somit in einer Auflistung untereinander stehen.

*Siehe Band 1, «Typografische Grundlagen», Seite 15.

❶

Geviert
24 pt Schriftgröße, 24 pt breit.

Halbgeviert.
12 pt breit.

Viertelgeviert.
6 pt breit.

❷

DTP-Geviert
24 pt Schriftgröße,
Breite von zwei Ziffern.

DTP-Halbgeviert.
Breite einer Ziffer.

DTP-Viertelgeviert.
Halbe Breite einer Ziffer.

Schriftbreite ändert bei Schriftwechsel, Geviert bleibt gleich groß.

Schriftbreite und DTP-Geviert ändern sich bei einem Schriftwechsel.

Standard-Geviert:
Die Ziffern stehen nicht untereinander.

DTP-Geviert:
Die Ziffern stehen untereinander.

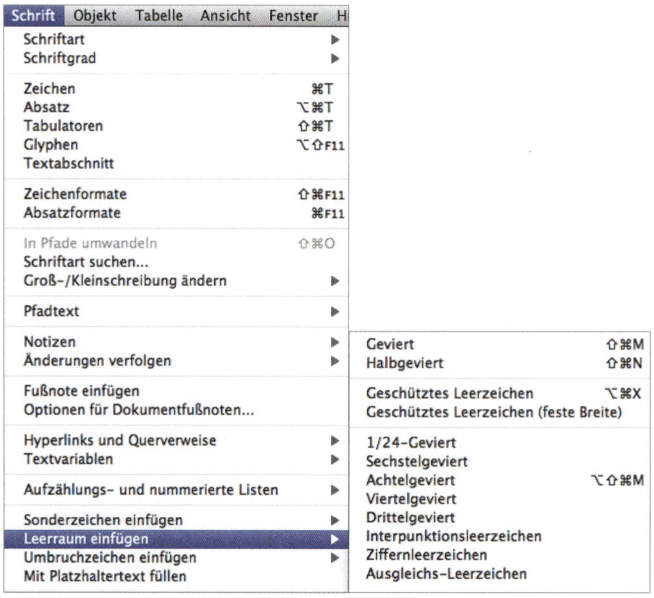

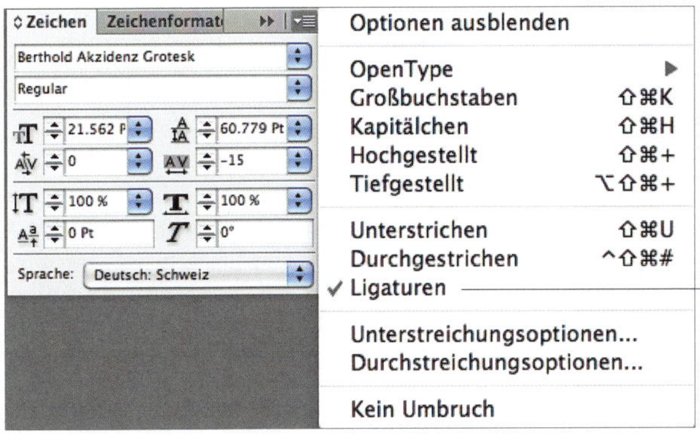

Mit dem Zeichen-Bedienfeld Ligaturen ein- und ausschalten.

Häufig
Affe
Unflat

Ligaturen angewählt.

Häufig
Affe
Unflat

Ligaturen nicht angewählt.

❷ Schaffell
Kaufleute
Schilfinsel

Nach Duden keine Ligatur, weil Zusammensetzung von zwei Wörtern, wobei aber beim letzten Beispiel aus ästhetischen Gründen trotzdem eine Ligatur gesetzt werden darf:

Schilfinsel

❸ Rohstofffrage
Sauerstoffflasche
knifflig

Nach Duden wird in der Wortfuge von zusammengesetzten Wörtern keine Ligatur gesetzt; die Gliederung des Wortes erfolgt nach Sprechsilben.

Ligaturen

InDesign verwendet diese Option standardmäßig ❶ (Steuerungs- und Zeichen-Bedienfeld), d.h., es werden Zeichengruppen wie «fi» oder «fl» gegen einzelne Zeichen (Ligaturen) ausgetauscht, was jedoch erst bei der PDF- oder Druckausgabe erfolgt. Vorher können die einzelnen Zeichen einer Ligatur immer noch separat angewählt werden und, sofern nötig, am Zeilenende getrennt werden. Ebenso wenig stören sie bei der Rechtschreibprüfung. Wird eine Ligatur aber über das Glyphen-Bedienfeld getastet, wird sie als ein Einzelzeichen behandelt!

❷ **Ligaturen unterdrücken** Damit einzelne Buchstabenkombinationen deaktiviert werden können, setzt man das Sonderzeichen «Verbindung unterdrücken» zwischen die beiden Zeichen. Diese Option wirkt universell.

Schrift → Sonderzeichen einfügen → Andere → Verbindung unterdrücken.

Eine angewählte Ligatur kann auch einzeln über das Zeichen-Bedienfeld ausgeschaltet werden.

❸ Die meisten DTP-Schriften enthalten keine Ligaturen für diese Kombinationen aus drei Buchstaben, die bei herkömmlichen Schriftsatzsystemen vorhanden sind. Diese Ligaturen findet man nur in speziellen Fonts oder erweiterten OpenType-Fonts.*

Bei der deutschen Anwendung von Ligaturen kommen «ffi» und «ffl» kaum vor (nach Duden-Regel).

Nach der neuen Rechtschreibung sind die früheren Regeln für das Zusammentreffen von drei gleichen Konsonanten in Zusammensetzungen ersatzlos gestrichen worden. Die Schreibung von zusammengesetzten Wörtern leitet sich jetzt logisch aus der Schreibung ihrer Bestandteile ab: Treffen drei gleiche Buchstaben aufeinander, bleiben alle erhalten.

*Siehe Band 1, «Typografische Grundlagen», Seite 27, und Band 2, «Satztechnik», Seite 24.

Linie | Kontur

❶ **Gehrungsgrenze** Diese Einstellung wird nur im Zusammenhang mit einem Rahmen oder einer Ecke, bei angewählter «Gehrungsecke», relevant. Je kleiner der Eckwinkel, desto größer sollte die Gehrungsgrenze gewählt werden, da die Ecken sonst automatisch abflachen. Bei niedriger Gehrungsgrenze flachen die Ecken eher ab.

❷ **Ecke** Zur Auswahl stehen die «Gehrungsecke», die «Abgerundete Ecke» und die «Abgeflachte Ecke».

❸ **Kontur ausrichten** Siehe Seite 39.

❹ **Typ** Es stehen verschiedene Linienarten (Typ) zur Verfügung. Der Farbton wird über das Farbfelder-Bedienfeld gewählt.

❺ **Pfeilspitzen, Anfang und Ende** Die Pfeilspitzen lassen sich je für den Anfang und/oder das Ende festlegen.

❻ **Striche und Lücken anpassen** Beim Strich handelt sich um eine unterbrochene Linie. Diese Unterbrechung kann festgelegt werden. Ebenso lassen sich Strichattribute wie Ecken, Enden, Farbton und Stärke festlegen. Dasselbe gilt für die Lücken (Unterbrechung). Unter Lücken versteht InDesign eine Kombination von verschiedenen Linien mit bestimmten Abständen zueinander.

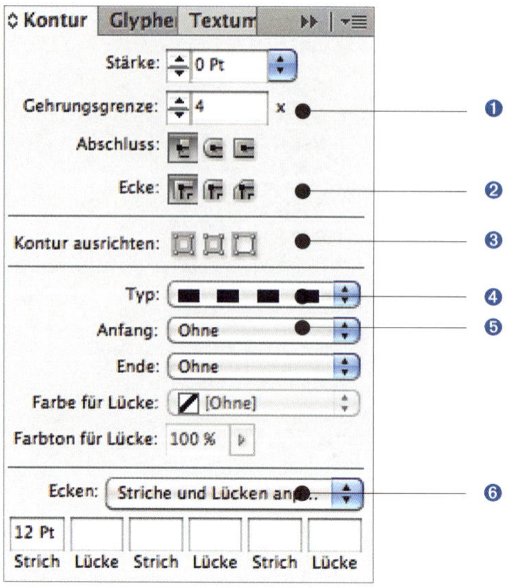

❷

Gehrungsecke. Abgerundete Ecken. Abgeflachte Ecken.

❸

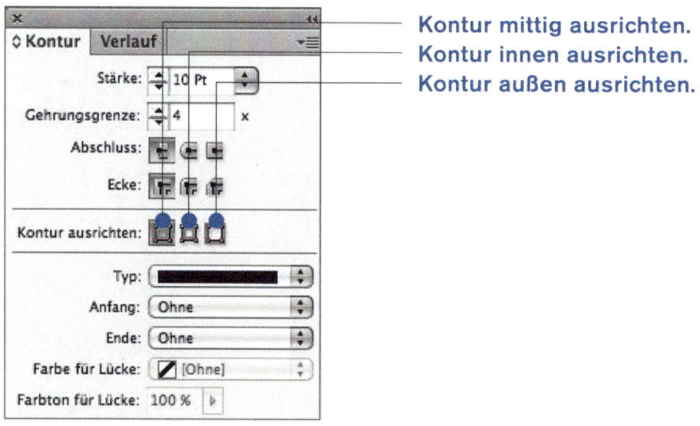

❹

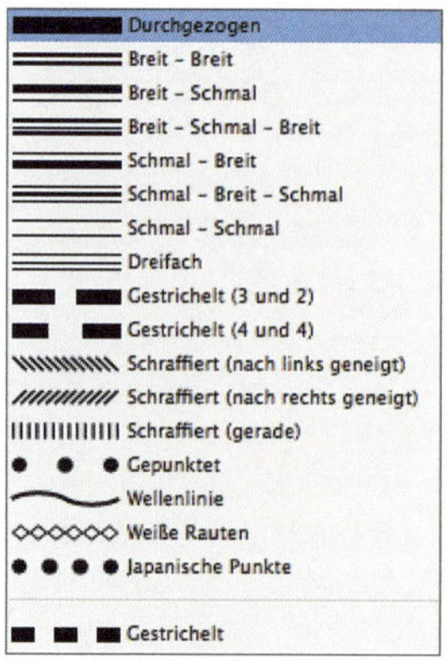

❺

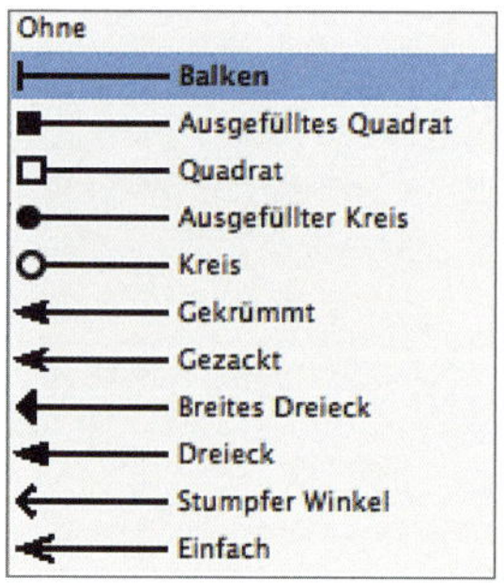

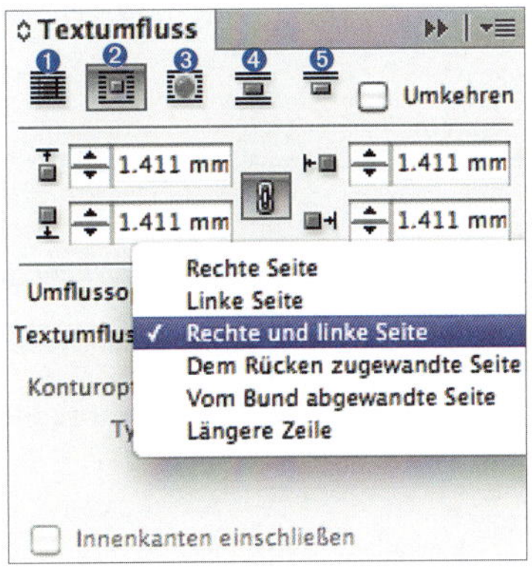

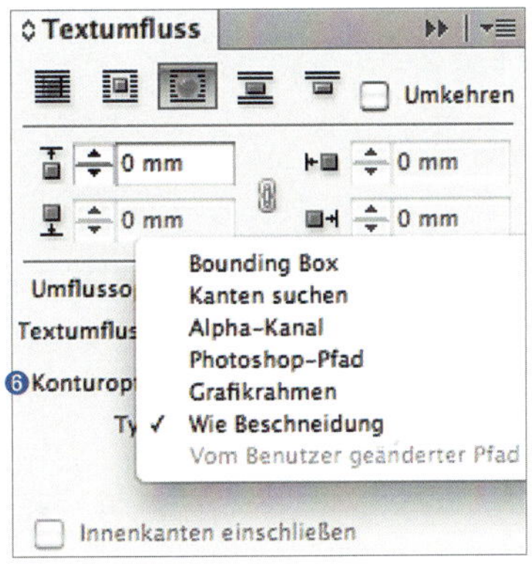

«Textumfluss»: ⌥⌘W

❷ Die Schriftwahl ist von eminenter Bedeutung; nicht nur im Buch, sondern auch in der täglichen Werbung vermag sie das «Innere nach außen zu stülpen». Über die Schriftwahl hinaus ist noch etwas anderes wichtig: Man muss die Absicht hinter der typografischen Form erkennen können. Und: Typografie muss lesbar sein. Wenn man aber von Typografie Lesbarkeit verlangt, sodann muss man doch wohl auch von den Texten Lesbarkeit verlangen – mit Lesbarem meine ich Wahres, Informatives sowie Überzeugendes und Werbendes. Die Typografie als die Vermittlerin schöner Sprüche: sie vermöchte doch wohl

mehr zu leisten! Fast alle Schriften werden heute zu eng gesetzt; bei Schriften mit Serifen gilt dies ganz besonders. Proportional verkleinerte Fotosatzschriften werden in den kleinsten Graden dünn und spitz; ein optischer Ausgleich – auch in der Laufweite – muss technisch möglich gemacht werden.

❸ Die Schriftwahl ist von eminenter Bedeutung; nicht nur im Buch, sondern auch in der täglichen Werbung vermag sie das «Innere nach außen zu stülpen». Über die Schriftwahl hinaus ist noch etwas anderes wichtig: Man muss die Absicht hinter der typografischen Form erkennen können. Und: Typografie muss lesbar sein. Wenn man aber von Typografie Lesbarkeit verlangt, muss man wohl auch von den Texten Lesbarkeit verlangen – mit Lesbarem meine ich Wahres, Informatives sowie Überzeugendes und Werbendes. Die Typografie als die Vermittlerin schöner Sprüche: sie vermöchte doch wohl mehr zu leisten! Fast alle Schriften werden heute zu eng gesetzt; bei Schriften mit Serifen gilt dies ganz besonders.

Textumfluss

❶ **Ohne Textumfluss** Sich überlagernde Objekte werden nicht umflossen. Diese Einstellung ist standardmäßig vorgegeben.

❷ **Umfließen der Bounding Box** Der Rahmen eines Objektes oder Bildes wird umflossen.

❸ **Umfließen der Objektform** Auch wenn der Bildrahmen rechteckig ist, kann mit dieser Option der Text bis z. B. an einen Beschneidungspfad, welcher im Bild gespeichert wurde, angeglichen werden. Der Abstand zwischen dem Text und einem Objekt kann fein abgestimmt werden. Dazu bei den **Konturoptionen** ❻ die entsprechende Auswahl treffen.

❹ **Objekt überspringen** Links und rechts wird kein Text angepasst. Der Text wird nur ober- und unterhalb des Objektes umbrochen.

❺ **In nächste Spalte springen** Der Text wird direkt unterhalb des zu umfließenden Objektes in der nächsten Spalte weitergeführt.

Farben

❶ Farbfeld-Bedienfeld Im Mehrfarbendruck wird vorwiegend mit CMYK-Prozessfarben gearbeitet. Deshalb sollte man die Farbfelder entsprechend anpassen.
Die voreingestellten Farben [Passermarken], [Papier] und [Schwarz], in Klammern dargestellt, können nicht gelöscht werden.
In der Praxis kommt es immer wieder vor, dass z. B. Schwarz zweimal vorhanden ist, oft unbeabsichtigt, wenn Dateien aus QuarkXPress übernommen werden.
Es ist von Vorteil, diese doppelten Farben zu löschen, da das Standard-[Schwarz] über die Voreinstellung* «Schwarzdarstellung» gesteuert wird, d. h., bei dessen Verwendung wird der Hintergrund überdruckt.

❷ Farbfeldoptionen Hier können die Farben bearbeitet und die gewünschten Farbräume eingestellt werden. Bei Umwandlung einer RGB- oder Pantone-Farbe nach CMYK muss der Farbmodus von Vollton auf Prozess geändert werden, wenn eine Farbe aus mehreren Prozessfarben gemischt wird.

❸ Neues Farbfeld Neue Farben benennt man am besten mit der Funktion «Name mit Farbwert». Mit der Angabe des Anteils der Prozessfarben im Namen können Verwechslungen ausgeschlossen werden. Um ein Schwarz für den Vierfarbendruck zu erhalten, das keine darunter liegenden Farben durchscheinen lässt, definiert man ein ausgeglichenes Tiefschwarz mit 70 Prozent Cyan, 60 Prozent Magenta, 60 Prozent Gelb und 100 Prozent Schwarz.

❹ Pantone-Farben Pantone-Farben können als separate Schmuckfarben (eine Farbe ein Film) oder im CMYK-Modus definiert werden. Es ist aber zu berücksichtigen, dass Pantone-Farben, welche mit CMYK-Farben simuliert werden, nicht die gleiche Leuchtkraft haben wie die gemischten Pantone-Farben. Gewisse Farben können über den CMYK-Modus nicht definiert werden (zum Beispiel Orange- und Türkistöne).

*Siehe Seite 48.

❶
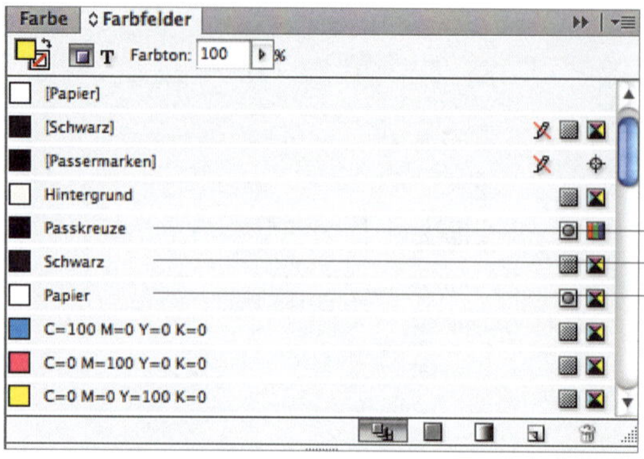

Doppelte, unbeabsichtigte Farbfelder löschen.
Eine sauber geführte Datei enthält nur die Farben, die in der Liste verwendet werden.

❷
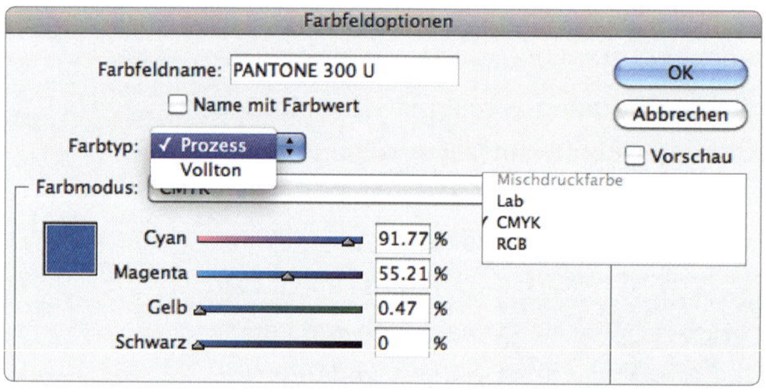

Mit Doppelklick auf ein Farbfeld öffnen sich die Farbfeldoptionen.

❸
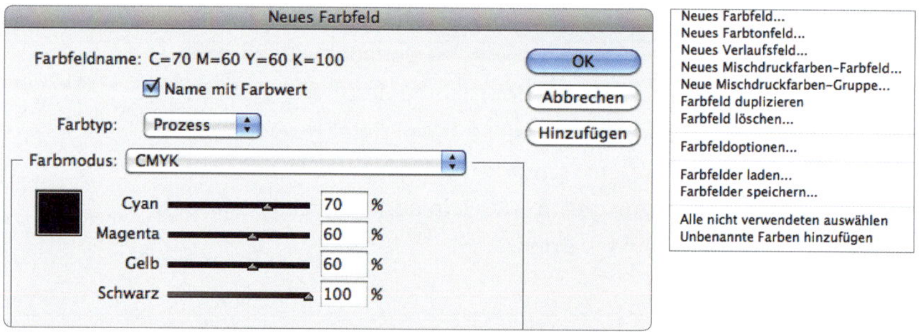

Mit Doppelklick auf ein Farbfeld oder im Kontextmenü die Farbfeldoptionen öffnen.

❹
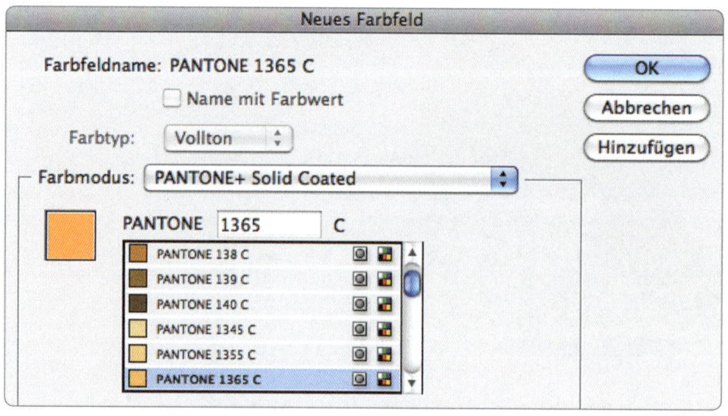

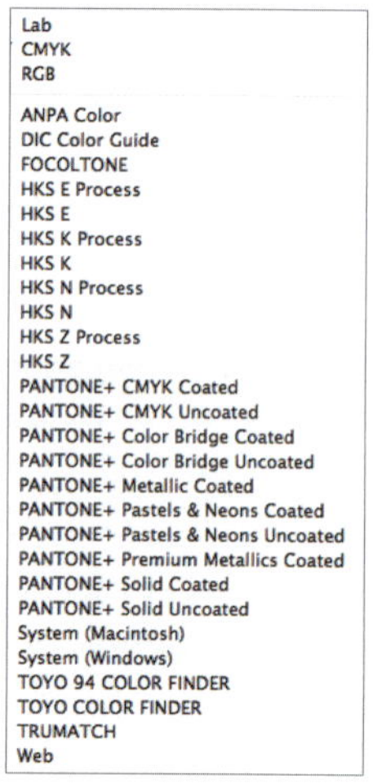

Zur genauen Beurteilung immer den entsprechenden Pantone-Fächer verwenden. Zudem bietet der Fächer Color Bridge™ Coated EURO von Pantone zu Pantone®-Solid-Farben je ein Farbmuster CMYK und Werte für RGB, CMYK und HTML.

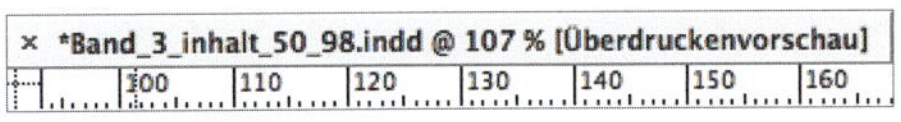

Menü → Ansicht → Überdruckenvorschau
⌥⇧⌘Y

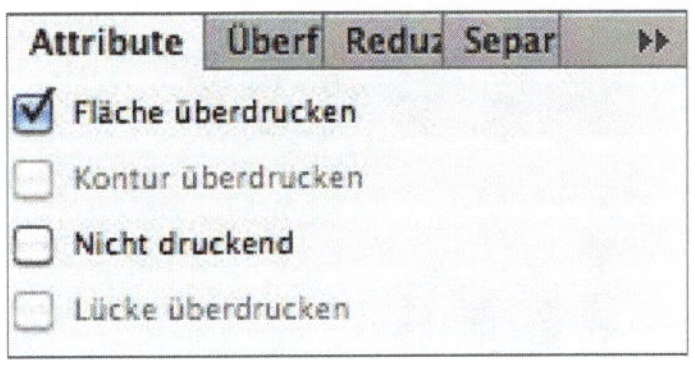

In InDesign werden überlagernde Objekte generell auf den dahinter liegenden Objekten ausgespart.

Mit dem Attribute-Bedienfeld lassen sich Flächen und Konturen auf Überdrucken stellen.

Heikle Objekte, die auf keinen Fall blitzen dürfen, können mit einer sehr feinen Kontur versehen und diese auf «Kontur überdrucken» eingestellt werden.

Auf gewissen Farben kann das überdruckende Schwarz (100 % K) leicht durchschimmern.

Mit der Verwendung eines Tiefschwarz kann dies behoben werden: C 70/M 60/Y 60/K 100.

❶

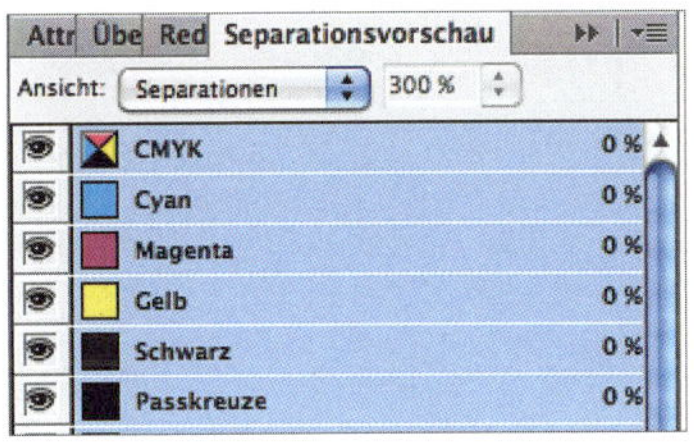

❷

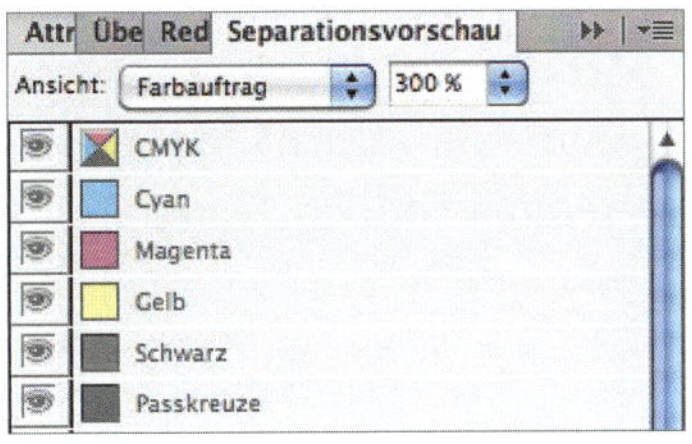

Überdruckenvorschau

Mit dieser Funktion werden am Bildschirm überdruckende Flächen und Texte simuliert. Das macht vor allem Sinn, wenn spezielle transparentähnliche Effekte mit Schmuckfarben mit Überdrucken erzielt werden möchten. Dies ist jedoch eine ziemlich alte Methode und wird seit der Möglichkeit der Transparenteinstellungen kaum mehr angewandt.
In InDesign werden generell farbige Objekte und Texte auf den darunter liegenden Objekten ausgespart. Eine Ausnahme bildet das [Schwarz]*, welches in den Voreinstellungen «Schwarzdarstellung» standardmässig mit «Farbfeld [Schwarz] 100 % überdrucken» aktiviert ist. Dies ist wichtig, damit schwarze Texte wirklich immer überdrucken. Bei ungünstigen Farbkonstellationen können aber eine Fläche oder große Schriftgrade, die mit [Schwarz] eingefärbt sind, durchschimmern, was zu ungewollten Effekten führen kann. Abhilfe schafft man, indem man ein Tiefschwarz definiert (gute Ergebnisse ergeben folgende Werte: C 70, M 60, Y 60, K 100).

Separationsvorschau

Das Separationsvorschau-Bedienfeld enthält zwei äußerst praktische Funktionen:
❶ **Separationen** Durch Deaktivieren einzelner Kanäle kann rasch eine digitale Farbauszugskontrolle vorgenommen werden. Zudem werden die jeweiligen Farbwerte der einzelnen Kanäle in CMYK-Prozentwerten angezeigt, wenn der Mauszeiger über die Objekte bewegt wird. Dies auch, wenn es sich um Bilder mit RGB- oder LAB-Farbinformationen handelt – also keine Garantie, dass es sich um CMYK-Bilder handelt.
❷ **Farbauftrag** Mit der Eingabe eines Maximalprozentwertes für den Gesamtfarbauftrag (Summe aller Prozentwerte der einzelnen Auszüge), z. B. für eine bestimmte Papierklasse, kann rasch überprüft werden, wo allenfalls eine Überschreitung vorkommt.

*Siehe Seite 48.

Optischer Randausgleich

❶ **Titelschriften** Je größer der Schriftgrad, desto mehr Vor- und Nachbreite (Fleisch) hat der einzelne Buchstabe. Deshalb stehen Titelschriften im Vergleich zu den Brotschriftgraden (Lesegrößen) nicht auf der linken Satzkante. Im Textabschnitt-Bedienfeld kann der Randausgleich eingestellt werden. Die Funktion bewirkt, dass Satzzeichen etwas über die Satzkante versetzt werden. Da die Einstellung auf eine ganze Textkette wirkt, kann der Randausgleich bei einzelnen Abschnitten auf Wunsch deaktiviert werden. Dazu stellt man den Textcursor in den betreffenden Abschnitt und wählt «Optischen Rand ignorieren» im Absatz-Bedienfeldmenü.

Siehe Band 2, «Typografische Grundlagen», Seite 39.

Avor
im
Textbereich

Ohne Randausgleich.

❶ **Avor**
im
Textbereich

Mit Randausgleich an der linken Satzkante.

Im Gegensatz zum schreibmaschinengeschriebenen Text gibt es für den Schriftsatz bestimmte Vorschriften für das Setzen von Zeichen, Zahlen und Abkürzungen. Diese Regeln dienen allesamt dazu, den Satz schöner und regelmäßiger zu setzen und die Lesbarkeit zu verbessern.

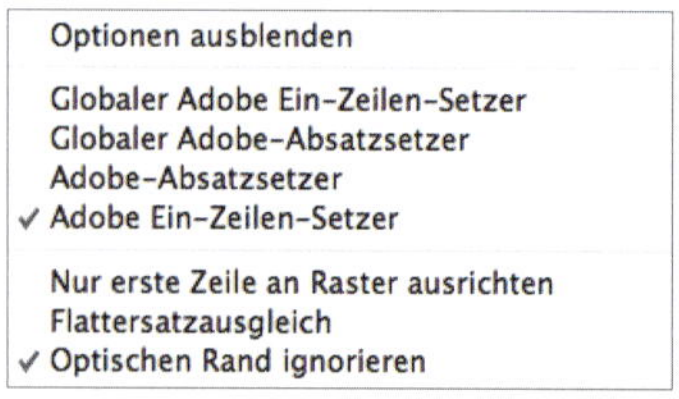

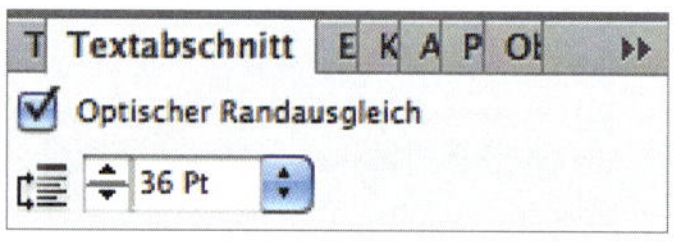

Unter → Schrift → Textabschnitt kann ein optischer Randausgleich eingestellt werden. Der Wert sollte etwa der Schriftgröße entsprechen.

Die Schriftwahl ist von eminenter Bedeutung; nicht nur im Buch, sondern auch in der täglichen Werbung vermag sie das «Innere nach außen zu stülpen». Über die Schriftwahl hinaus ist noch etwas anderes wichtig: Man muss die Absicht hinter der typografischen Form erkennen können. Typografie muss lesbar sein.

Ohne Randausgleich.

Die Schriftwahl ist von eminenter Bedeutung; nicht nur im Buch, sondern auch in der täglichen Werbung vermag sie das «Innere nach außen zu stülpen». Über die Schriftwahl hinaus ist noch etwas anderes wichtig: Man muss die Absicht hinter der typografischen Form erkennen können. Typografie muss lesbar sein.

Mit Randausgleich. Bei Blocksatz wird links und rechts ausgeglichen.

Tabellen

InDesign bietet eine Fülle von Funktionen zur Tabellengestaltung an. Komplexe Informationsmengen können zeilen- und spaltenweise dargestellt werden, ohne mit Tabulatoren hantieren zu müssen. Kleinere Tabellen können jedoch mit Tabulatoren und mitlaufenden Linien einfach erzeugt werden. In InDesign werden Tabellen mit dem Textwerkzeug erstellt und liegen immer in einem Textrahmen. Aus Platzgründen kann hier nur auf einige wenige Punkte dieses umfassenden Tools eingegangen werden.

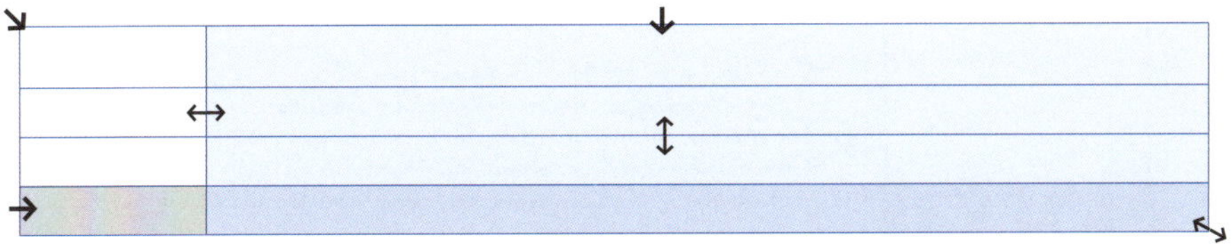

Beim Bewegen des Textcursors über die Spalten, Zeilen oder Rahmen erscheinen die verschiedenen Zeiger zur Auswahl und zur Größenänderung von Tabellenelementen.

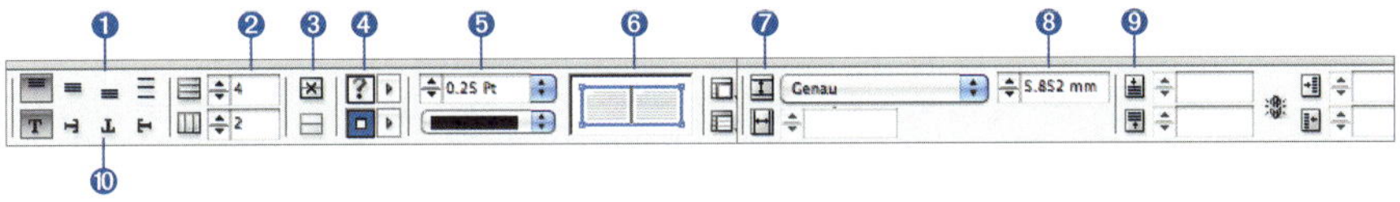

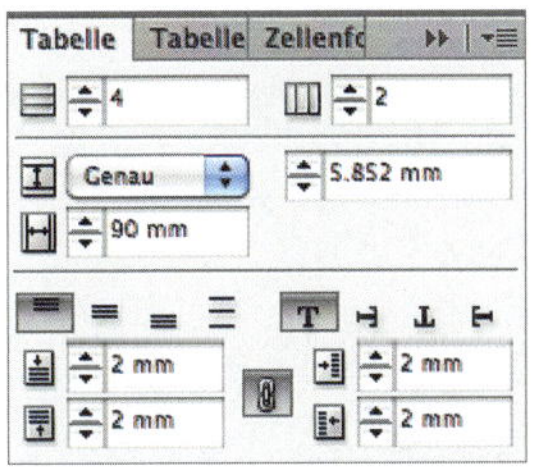

Eingabe über das Tabellen-Bedienfeld.

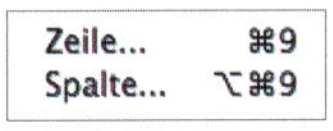

Zeilen oder Spalten einfügen und löschen.

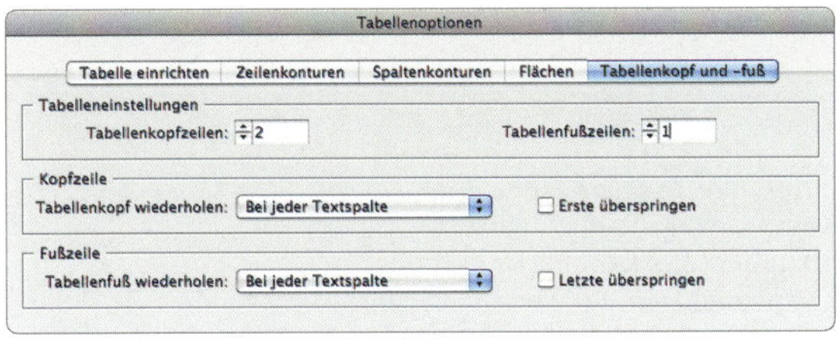

Eingabe über die Tabellenoptionen. Hier wird festgelegt, wann die Kopf- und die Fußzeile wiederholt werden sollen.

Tabellen erstellen

Wenn der Textcursor in einem Textrahmen gesetzt ist, kann über das Menü **Tabelle → Tabelle einfügen** oder **⌥⇧⌘T** eine neue Tabelle erstellt werden. Hier werden die Anzahl Spalten, Zeilen, Kopf- und Fußzeilen eingegeben.

Mit Bewegen des Textcursors über einer Spalte, Zelle oder ganzen Zeile können in aktiviertem Zustand alle Attribute definiert werden. Im Steuerung-Bedienfeld am oberen Bildschirmrand sind viele Funktionen direkt wählbar:

❶ Textausrichtung oben, zentriert, unten oder Blocksatz vertikal;
❷ Anzahl Zeilen und Spalten;
❸ Zellen verbinden, Zellenverbindung aufheben;
❹ Flächenfarbe, Konturfarbe;
❺ Konturstärke und -art;
❻ Konturfarbe, -stärke und -art wirken sich nur auf die blau aktivierten Linien aus;
❼ Zellenhöhe und Spaltenbreite;
❽ Zellenhöhe: Werte in mm mit den Optionen «Mindest» oder «Genau»;
❾ Zellenversatz oben, unten, links und rechts (Abstand Text);
❿ Textdrehung 0°, 90°, 180°, 270°.

Tabellenkopf und -fuß Diese praktische Einstellung bewirkt, dass Spaltenüberschriften über mehrere Spalten oder Seiten automatisch mitgeführt werden und nicht jedes Mal erneut oben eingefügt werden müssen.

Zellen- und Tabellenformate Die Strategie entspricht der Umsetzung von Zeichen- und Absatzformaten. Zellenformate können zusätzlich auf Absatzformate zugreifen, um den Inhalt zu formatieren, und werden schließlich in die übergeordneten Tabellenformate integriert – ähnlich wie bei verschachtelten Formaten.

Excel-Tabellen importieren und verknüpfen Wie bei normalen Tabellen auch erfolgt der Import zu verknüpfender Tabellen mit dem Befehl ⌘ **D.** Dabei muss in den Voreinstellungen (Dateihandhabung) die Option «Beim Platzieren von Text- und Tabellendateien Verknüpfungen herstellen» ❶ aktiviert sein.
Importiert wird mit eingeschalteten Importoptionen ❷, wo festgelegt wird, welche Daten aus der Datei übernommen werden sollen. Bei «Blatt» wird die gewünschte «Arbeitsmappe» ausgewählt. Bei der Formatierung ❸ kann unter «Tabelle» bestimmt werden, wie Daten importiert werden sollen:

- **Formatierte Tabelle** übernimmt fast alle Formate aus der Excel-Datei und InDesign versucht, die Darstellung möglichst genau nachzubilden.
- **Unformatierte Tabelle** erzeugt zwar eine InDesign-Tabelle, aber alle Excel-Formatierungen gehen verloren. Unter «Tabellenformat» kann der Tabelle ein bereits bestehendes Format zugewiesen werden.
- **Unformatierten Text mit Tabulatortrennzeichen** Hier wird nur die Textinformation importiert und so entsteht keine InDesign-Tabelle. Dieser Text muss folglich in eine Tabelle umgewandelt und über die Formate gestaltet werden.
- **Anzahl der anzuzeigenden Dezimalstellen** legt fest, wie viele Dezimalstellen angezeigt und auf wie viele Stellen kaufmännisch gerundet werden soll.

Tabulatoren in Tabellen Bei Preislisten beispielsweise hilft die rechtsbündige Ausrichtung nicht, da die Ziffern und Halbgeviertstriche nicht untereinander zu stehen kommen. Damit die Preise am Dezimalpunkt ausgerichtet werden können, müssen die Ziffern zuerst linksbündig ausgerichtet und dann wie gewohnt mit dem Tabulator (⌘ ⇧ T), mit der Funktion «Ausrichten an:» . (Punkt), eingestellt werden. Dies ist ein Sonderfall, der nur mit dem Dezimaltabulator funktioniert und bei dem kein Tabulator über die Tastatur gesetzt werden muss.

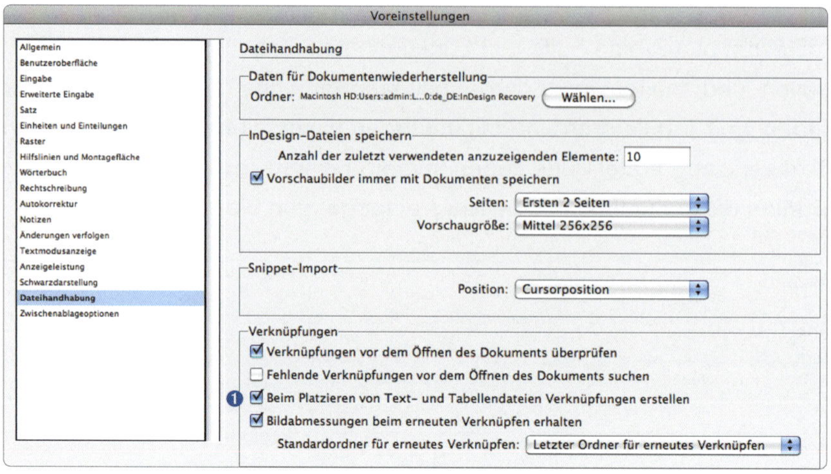

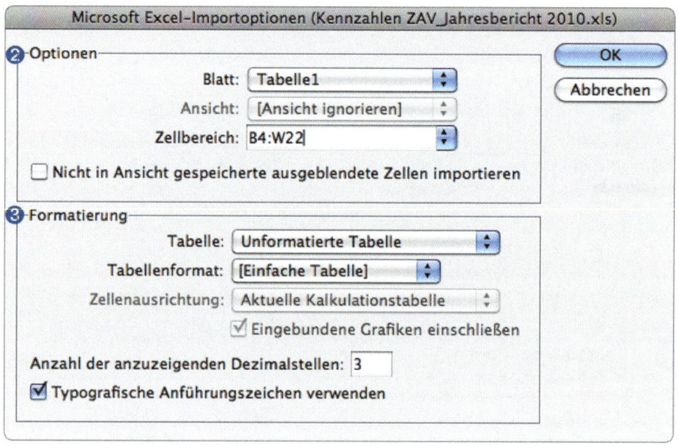

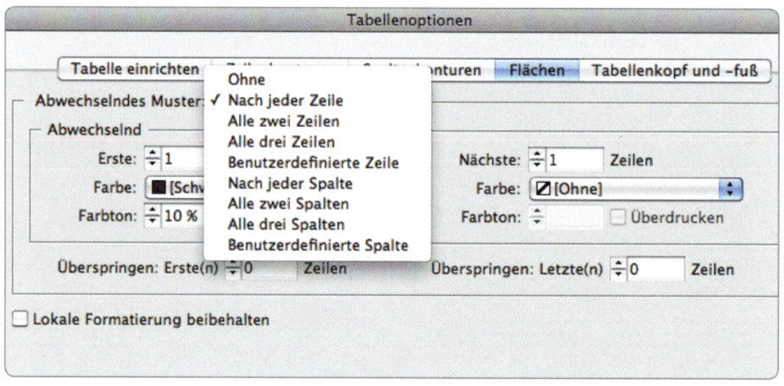

Zur besseren Lesbarkeit von sehr breiten Tabellen ist es durchaus sinnvoll, die Zeilen abwechselnd unterschiedlich einzufärben (wie unten stehende Tabelle). Allerdings kann diese Option nur entweder auf Zeilen oder Spalten angewendet werden.

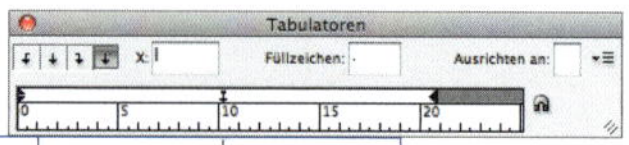

1000 A5-Flyer, 2-seitig, 4-farbig	CHF 230.80
1000 Ex. Briefpapier, 1-seitig, 2-farbig	CHF 435.–
5000 Kuverts, 2-farbig, Fenster links	CHF 350.50
200 Visitenkarten, 1-seitig, 1-farbig	CHF 75.–

A

Absatzsetzer
Zur Erzeugung eines optimalen Satzbildes fließen in die Analyse alle Umbrüche eines Absatzes ein. Dadurch wird das Satzbild ausgeglichener und die typografischen Vorgaben werden besser eingehalten (siehe Ein-Zeilen-Setzer).
Ausgabe-Workflow
Siehe Workflow.
Akzente
Betonungszeichen.
Akzidenz
Geläufiger Fachbegriff in der grafischen Branche für eine Gelegenheitsdrucksache, die nicht zum Zeitschriften-, Zeitungs- oder Werksatz gehört, z. B. Formulare, Geschäftsdrucksachen, Prospekte usw.
Ausgleichen
Der Ausgleich optisch ungleicher Räume zwischen den Buchstaben. Bei Versalsatz in großen Schriftgraden muss dies manuell korrigiert werden.
Ausschließen
Unter dem Ausschließen einer Zeile versteht man im Schriftsatz das Gleich-lang-Machen der Zeilen im Blocksatz oder das gewollte Beenden von Zeilen im Flattersatz.
Austreiben
Eine Zeile im Blocksatz, zum Beispiel eine Ausgangszeile, wird durch das Vergrößern der Wortzwischenräume ohne Rücksicht auf optische Ausgeglichenheit auf die volle Satzbreite erweitert.
Auszeichnen
Hervorheben von Textgruppen, Textzeilen oder einzelnen Wörtern.

B

Blocksatz
Satzart mit linker und rechter Satzkante.
Brotschriften
Bezeichnung aus dem Bleisatz für Schriftgrade, mit welchen der Grundtext von Büchern und Zeitschriften gesetzt wird, in der Regel die Grade von 8 bis 12 Punkt. Heute Lesegrößen genannt.

C

CI (Corporate Identity)
Genau definiertes Erscheinungsbild einer Firma in Bezug auf Schriften, Logos, Farben usw. für alle Werbedrucksachen, die veröffentlicht werden.
CD (Corporate Design)
Gestalterisches Erscheinungsbild für irgendein Produkt im Print-, Offline- oder Online-Bereich.
CMYK
Abkürzung für die vier Grundfarben beim Offsetdruck: Cyan, Magenta, Yellow und Black.
Computer-to-Plate (CtP)
Belichtung direkt auf die Offsetplatte.

D

Dickte
Buchstabenbreite plus die Vor- und die Nachbreite.
Digitaldruck
Die Druckmaschine wird direkt vom Computer aus mit digitalen Daten beschickt.
Divis (-)
Der kürzeste Strich im Schriftsatz, ein Viertelgeviert lang.
DTP
Abkürzung für Desktop Publishing.
Durchschuss
Beim durchschossenen Satz ist der Zeilenabstand größer als die Schriftgröße. Das wird auch als Zeilenzwischenraum bezeichnet.

E

Einheit
Die Einheit stellt einen Teilwert eines Gevierts dar, das bei InDesign in 1000 und bei QuarkXPress in 200 Einheiten unterteilt ist.
Ein-Zeilen-Setzer
Für den Zeilenumbruch wird unter Berücksichtigung der Vorgaben nur die jeweils aktuelle Zeile analysiert (siehe Absatzsetzer).
Expert-Fonts
Fonts mit Sonderzeichen wie Ligaturen, Bruchziffern, Hilfszeichen usw., früher auch Pi-Fonts genannt.

F

Festwert
Bezeichnet in der Typografie einen um etwa die Häfte verringerten Wortabstand, als Faustregel etwa ein Achtelgeviert. Je nach Schriftgröße und Schriftart muss dieser Wert kleiner oder größer gewählt werden.
Flattersatz
Satzart mit einer linken oder rechten Satzkante.
Flattersatzbereich
Bereich der Trennzone im Flattersatz.
Fleisch
Fachsprachliche Bezeichnung für die Vor- und die Nachbreite eines Buchstabens.
Flight-Check-Programme
Eigene Programme oder in Layoutprogrammen integrierte Funktion, mit denen Original- oder PDF-Daten z. B. auf ihre Richtigkeit in Bezug auf Bildauflösungen, Farben, Schriften, Linienstärken usw. vor der Ausgabe geprüft werden können.
FTP-Server
Das File Transfer Protocol (FTP, englisch für Dateiübertragungsverfahren) ist ein spezifiziertes Netzwerkprotokoll zur Übertragung von Dateien über IP-Netzwerke. Wird benutzt, um Dateien vom Server zum Client (Herunterladen), vom Client zum Server (Hochladen) oder clientgesteuert zwischen zwei FTP-Servern zu übertragen.

G

Gestaltungsmanual
Eine Art Handbuch mit allen Angaben zur technischen Umsetzung einer Gestaltung für die Herstellung eines Print-, Offline- oder Online-Produkts.
Geviert
Schriftgröße im Quadrat. In QuarkXPress kann auch die Breite von zwei Ziffern als Geviert (DTP-Geviert) gewählt werden.
Glyphen
In der Typografie: grafische Darstellung eines Buchstabens, eines anderen Schriftzeichens oder einer Ligatur. In InDesign werden unter diesem Begriff alle Zeichen, die ein Font enthält, dargestellt.
Grundlinienraster
Die Zeilen der Vorder- und der Rückseite in der Grundschrift eines Druck-Erzeugnisses stehen immer auf der gleichen Höhe.

I

InDesign
DTP-Layoutprogramm von Adobe.
Initial
Großer, über zwei oder mehrere Zeilen reichender Anfangsbuchstabe beim Satzbeginn.

K

Kapitälchen
Sind Großbuchstaben auf etwa Mittellängenhöhe.
Kerning
Siehe Unterschneiden.
Kolumnentitel
Separate Zeile ober- und unterhalb des Textes einer Seite. Enthält Angaben über Titel oder Inhalt.

L

Laufweite
Abstand zwischen den einzelnen Zeichen eines Textes.
Layout
Skizzierte oder geklebte Anordnung für die Gestaltung einer Seite oder eines Dokumentes.
Lesegrößen
Siehe Brotschriften.
Lichtsatz
Bezeichnung für die digitale Satzherstellung auf Fotosetzsystemen mit CRT- oder Laserbelichtungseinheiten.
Ligaturen
Buchstabenverbindungen, die zwei oder drei Zeichen zu einem einzelnen Zeichen zusammenfassen.

M

Maquette
Geklebter oder skizzierter Entwurf als maßgetreue Vorlage für das Ausführen einer Drucksache. Vor allem als Umbruchmaquette für umfangreichere Werke mit vielen Bildern.
Marginalien
Randspalte oder Randbemerkungen außen oder im Bund eines Buches.
Mediäval-Ziffern
Ziffern, die auf Oberlänge, Mittellänge und Unterlänge aufgebaut sind. Sie werden auch gemeine oder Minuskelziffern genannt.
Mittellängenhöhe
Bezeichnung für die Höhe der Kleinbuchstaben ohne Ober- und Unterlänge (x-Höhe).

N

Nachbreite
Zusätzlicher rechnerischer Wert rechts des Zeichens. Zusammen mit der Vorbreite und der Breite des Zeichens ergibt dieser Wert die Dickte eines Zeichens.

O

OCR/ICR
Optical Character Recognition, auf Deutsch Optische Zeichen-(Buchstaben-)Erkennung. Das I bei ICR steht für «Intelligent».
OmniPage
OCR-Texterkennungsprogramm.
OpenType-Schriften (.otf)
Ein ursprünglich von Microsoft und Adobe entwickeltes plattformunabhängiges Schriftformat, das auf Mac und PC mit den gleichen Files arbeitet und sowohl TrueType- als auch Postscript-Type-1-Outline-Schriftenbeschreibungen enthalten kann.
Es basiert auf dem Unicode und kann damit in den so genannten erweiterten Schriften (meist mit «Pro» gekennzeichnet) mehr als 65 000 Zeichen im gleichen Font beinhalten (macht Expert-Fonts überflüssig). Mit «Std» gekennzeichnete OpenType-Schriften sind meistens umgewandelte Postscript-Type-1- oder TrueType-Schriften, die nicht erweitert sind und nur die in diesen Formaten üblichen 256 Zeichen enthalten.

P

Paginierung
Fachbegriff für die Seitenzählung.
Pantone-Farben
Schmuckfarben, deren Mischungsverhältnisse genau festgelegt sind. Sie können z. T. auch mit CMYK-Farben simuliert werden.
PDF
Portable Document Format. Von Adobe entwickeltes, auf Postscript basierendes plattformunabhängiges Dateiformat, das in der grafischen Industrie vor allem in PDF-Ausgabe-Workflows eingesetzt wird und generell das Austauschformat für Informationen aller Art ist.
Piktogramm
Grafisches Symbol mit festgelegter Bedeutung.

Plotts
Bezeichnung für den Ausdruck einer Revision (Kontrolle) der elektronisch ausgeschossenen Druckform auf einem großformatigen Tintenstrahldrucker.
Postscript-Type-1-Schriften
Bezeichnung für vektormäßig aufgebaute Schriften mit festen Dicktenwerten; ursprünglich von der Firma Adobe als ihr eigenes professionelles Schriftformat entwickelt.
Präfix
Sprachwissenschaftlich Vorsilbe. Für die automatische Paginierung in InDesign und QuarkXPress die Vorgabe, was vor die Seitenzahl gesetzt werden kann.
Punzen
Buchstabeninnenraum.

Q

QuarkXPress
DTP-Layoutprogramm.

R

Rausatz
Flattersatz, der rhythmisch kurz flattert. Vielfach wird unkorrigierter Flattersatz als Rausatz bezeichnet.
Registerhaltigkeit
Siehe unter Grundlinienraster.

S

Satzspiegel
Festlegung der Randmaße und der Spalteneinteilung für eine Seite (symmetrisch und asymmetrisch).
Schöndruck
Erste gedruckte Form eines Druckbogens auf die feinere Seite des Papiers.
Schriftgrad
Größe einer Schrift von der Ober- bis zur Unterlänge (hp-Höhe). Meistens wird noch ein wenig Fleisch (nicht druckender Teil) dazugerechnet. Die Bezeichnung stammt aus dem Bleisatz.
Schriftgröße
Maß für die vertikale Ausdehnung eines Schriftzeichens (hp-Höhe) oder vertikaler Raumbedarf (hp-Höhe und nötiges Fleisch).
Schriftlinie
Standlinie der Schrift.
Schriftschnitt
Schriftvariante innerhalb einer Schriftfamilie wie z. B. normal, fett, schmal usw.
SI-Einheiten
Vom Bundesgesetz über das Messwesen wurden 1978 alle Maßsysteme international angepasst und vereinheitlicht.
Spationieren
Vergrößern der vom Schrifthersteller vorgegebenen Laufweite.
Spatium
Begriff aus der Bleisatzzeit für einen kleinen Raum, in InDesign etwa 50 bis 80 Einheiten und in QuarkXPress zwischen 10 und 20 Einheiten, je nach Schriftart und -größe.
Styletags
Auch Stilvorlage, Formatvorlage, Multicode oder Makro genannt; sie enthalten mehrere satztechnische Befehlsfolgen, die entweder auf einer Taste oder in einem Code abgelegt werden können.
Strich-an-Strich-Technik
Handgezeichnete Darstellung von größeren Schriftgraden in einer Art Schraffurtechnik.

T

Tiff
Tag Image File Format. Von der Firma Aldus entwickeltes Format zur Speicherung von Bilddaten.
TrueType-Schriften
TrueType ist ein Standard für Fonts zur Schriftdarstellung auf Bildschirmen und Druckern (in Englisch «true type»: «echte Schrift» bzw. «echter Buchstabe») und ist sowohl in die Betriebssysteme Windows als auch Mac OS integriert. TrueType-Schriften gehören zu den Outline-Schriften.

U

Umbruch
Das Zusammenstellen von mehreren ganzen Seiten mit Text, Tabellen, Grafik und Bildern für Zeitungen, Zeitschriften oder Bücher.
Unterschneiden (Kerning)
Verringern der Buchstabenabstände bei heiklen Kombinationen, z. B. Ty.

V

Versalien
Bezeichnung für Großbuchstaben.
Vorbreite
Zusätzlicher rechnerischer Wert, der zur Festlegung des Zeichenabstandes zum voranstehenden Zeichen benötigt wird (seitliches Fleisch links des Zeichens).

W

Werksatz
Bezeichnung für die Satzherstellung von Büchern.
Widerdruck
Zweite gedruckte Form eines Druckbogens (Rückseite) auf die rauere Seite des Papiers.
Workflow
Auf Deutsch Arbeitsfluss. In der grafischen Industrie meint man damit meist einen digitalen, also computergesteuerten Produktionsablauf bei der Herstellung von Druck-Erzeugnissen, angefangen beim Auftragseingang und endend in der Spedition. Konkret: Alle Daten, die einen Auftrag beschreiben, werden in einem Job-Ticket integriert, das den Auftrag begleitet, und können in der entsprechenden Abteilung zur Maschinensteuerung verwendet werden. Für den Bereich der Druckvorstufe spricht man von einem Ausgabe-Workflow, d. h. computergesteuerter Produktion vom Eingang der Daten bis zur Ausgabe auf Film, Platte oder Digitaldruck und heute auch Online-Medien wie iPad oder iPhone. Als Dateiformat wird heute meist PDF eingesetzt.

X

x-Höhe
Siehe Mitellängenhöhe.

Z

Zeilenabstand
Abstand von Schriftlinie zu Schriftlinie, der in Millimetern, DTP-Points oder Didot-Punkten definiert ist.
Zeilenregister
Siehe Grundlinienraster.

Literaturhinweise

Begleitliteratur zu Band 3

Adobe InDesign CS6
Hans Peter Schneeberger, Robert Feix
© 2013, Galileo Press, Bonn
Arbeitsvorbereitung Satzherstellung
© 1981 Verlag Form und Technik, Stuttgart
Arbeitsvorbereitung Textgestaltung
© 1982 Verlag Form und Technik, Stuttgart
Bücher machen
Jost Hochuli
© 1989, Agfa Compugrafic Corp., Wilmington (Mass.), USA
Cleverprinting-Schulungshandbuch Next Generation Publishing
Schuler, Luchs, Piskulla
© 2012, Christian Piskulla, Cleverprinting.de
Das Detail in der Typografie
Jost Hochuli
© 1987, Agfa Compugrafic Corp., Wilmington (Mass.), USA
Duden Rechtschreibung
© 2013, Bibliographisches Institut AG, Mannheim
Farbreproduktion
© 1995, A&F Maurer, Buchs
Mut zur Typografie
Jürgen Gulbins, Christine Kahrmann
© 1992, Springer-Verlag, Berlin
Satztechnik/Typografie 1
Typografische Grundlagen
© 2007, syndicom-Verlag, Bern
Sonderzeichen
Ralf Turtschi
© 2013, www.agenturtschi.ch
Typeview Font Catalog
© 1996 Linotype-Hell AG

Aus folgenden Büchern und Zeitschriften wurden Texte übernommen:

Proportion
Hans Rudolf Bosshard
© 1973, Kunstgewerbeschule der Stadt Zürich
Das Detail in der Typografie
Jost Hochuli
© 1987, Agfa Compugrafic Corp., Wilmington (Mass.), USA
Typografische Monatsblätter
Verschiedene Texte aus Nummern der Typografischen Monatsblätter, syndicom-Verlag, Bern

Kritik und Anregungen
Anregungen, Korrekturen, Änderungsvorschläge und Ergänzungen werden vom Verlag syndicom gerne angenommen und bei einer eventuellen Neuauflage berücksichtigt.